# 万亿级流量转发

## BFE核心技术与实现

章 淼 杨思杰 戴 明 陶春华 著

电子工业出版社·
Publishing House of Electronics Industry
北京·BEIJING

## 内 容 简 介

本书围绕 BFE 开源项目，介绍网络前端接入和网络负载均衡的相关技术原理，说明 BFE 开源软件的设计思想和实现机制，讲解如何基于 BFE 开源软件搭建网络接入平台。

本书共 17 章，分为四个部分。第一部分为原理篇，介绍 BFE 开源项目的概貌，并对网络前端接入技术和网络负载均衡技术做简要介绍；第二部分为设计篇，介绍 BFE 开源项目的设计细节，包括 BFE 的设计思想、BFE 的转发模型、BFE 的关键机制和 HTTPS 的优化等；第三部分为操作篇，说明如何安装和部署 BFE、如何在各种使用场景下配置 BFE；第四部分为实现篇，从处理流程、插件机制、协议实现等方面说明 BFE 的实现机制。

本书面向的读者包括计算机网络方向的研究者、网络相关技术的开发者、一般后台程序的开发者和负载均衡系统的使用者等。

**图书在版编目（CIP）数据**

万亿级流量转发：BFE 核心技术与实现/章淼等著. —北京：电子工业出版社，2021.9
ISBN 978-7-121-41565-4

Ⅰ. ①万… Ⅱ. ①章… Ⅲ. ①搜索引擎－用户接入 Ⅳ. ①TP391.3

中国版本图书馆 CIP 数据核字（2021）第 138385 号

责任编辑：滕亚帆
印　　刷：北京天宇星印刷厂
装　　订：北京天宇星印刷厂
出版发行：电子工业出版社
　　　　　北京市海淀区万寿路 173 信箱　邮编：100036
开　　本：720×1000　1/16　印张：17.5　字数：300 千字
版　　次：2021 年 9 月第 1 版
印　　次：2025 年 2 月第 3 次印刷
定　　价：89.00 元

# 推荐序一

非常高兴地看到《万亿级流量转发：BFE 核心技术与实现》出版上市。

BFE 团队是我在负责百度运维部时领命组建的团队，得到章淼老师邀请为新书作序，思绪立刻穿越回数年前……

当时还没有云计算、大数据这些在今天已耳熟能详的概念。发展中的互联网技术体系更像是一辆"加速奔驰中不断更新零部件并升级引擎"的汽车，一切都在快速成长着。在百度，当时就设定了远超行业标准的可用性、低延时的要求。十年前的网络条件是"带宽小、速度慢"，我们希望做到从用户输入查询词、按下回车键开始计时，在一百毫秒内让用户"看"得到搜素结果。持续的高可用、低延时，让百度产品在可用性方面树立了用户口碑。

网络上曾流传一个段子：百度一下，测试网络通不通。BFE 就是保障百度可用性口碑的关键支柱之一。当时的数据中心已经分布多地，数据中心电力、交换机、服务器和网络传输线路故障频发，伪装用户请求的攻击、程序故障、数据错误等各类问题每时每刻都在发生。BFE 就是在这样的背景下立项研发的。它的诞生是为了解决具体的问题，在实战中它成为百度数百亿请求的最前沿用户触点，确保在各种情况下都能让用户获得高品质的服务，找到所求。

BFE 团队在刚组建时只有不到十个人，经过多年大浪淘沙，技术信仰和工程文化成为这个团队的底色。记得和章淼老师曾有过多次深入讨论，当时的行业环境中程序员有很多，而真正的软件研发工程师却不多。面对纷繁复杂的产品需求，能够抽象并定义"目标问题"是工程能力方面的一项基本功，一个优秀的工程师既能够在"空间"上有清晰的架构思想，又能在"时间"上快速支持新需求、新功能的融入。

BFE 在发展早期也曾面临各类需求纷涌而来，快速实现的功能堆砌通常会耗散一个工程项目的架构健壮性和长期可持续性。BFE 在短期功能需求、系统架构整体性、可持续性、产品化及易用性方面始终坚持"系统工程""长期主义"的理念，因而才有了如今经得起各类场景检验的产品。在发展的历程中，BFE 还曾经成为第一个用 Go 语言实现的大型项目，其中各种系统性思考和技术、组织的取舍不一一赘述了。

以十年磨一剑的精神，以"科技为更好"的理念，BFE 诞生于网民数量和互联网流量井喷的时点，成长于手机用户和移动互联网蓬勃增长的时期。特别是在大力倡导并发展核心科技的新时代，BFE 再次以开放、开源的方式走进各行各业，成为国产软件中的佼佼者，得到社区和企业的广泛认可。

愿 BFE 和信仰技术的开发者们，为数字化、智能化时代贡献更多技术力量，为更多的技术信仰者照亮前行之路！

李硕

百度副总裁

# 推荐序二

2012 年年初，我在百度担任运维部主任架构师，一直在思考对整个系统架构的梳理和优化。当时我加入百度已经有几个月的时间，对其系统架构有了比较清楚的了解，发现百度在前期业务的快速发展中，缺乏在基础架构上的系统思考和构建。那个时候，百度已经有很多个不同的业务线，但是对于各个业务的技术后台，很多是各自独立发展起来的，因此，在架构上比较分散，服务部署也比较分散，运维流程比较多样化。这种异构的、分散的系统架构给高效运维带来了很大挑战。例如，我们很难了解和把控一些新的服务的部署，很难对各个服务的健康状况进行统一监控，很难对百度的整个平台的流量进行统计，很难对海量的用户请求进行服务调度，很难对大量的后台服务器做负载均衡，很难对安全漏洞进行系统防御，例如对 DDoS 攻击进行自动应对，也很难对恶意爬虫进行识别和屏蔽。

这当然不是行业内出现的新问题。我加入百度之前在谷歌的 SRE（Site Reliability Engineering）团队工作。谷歌也有着极其复杂多样的产品、规模庞大的流量、全球异地部署的服务和数据中心。但是其精心设计的基础架构和运维工具，让工程师可以从互联网的任何一个角落进行系统运维和流量调度——只需要一两行命令和几分钟时间。这个设计中的关键之一，是一个统一的流量接入层 GFE（Google Frontend）。

基于在谷歌的工作经验，我决定先着手搭建百度的统一流量接入层，于是在 2012 年年初，组建了一个四人的小团队，在开源的 Web 服务器

Lighttpd 的基础上，开发了 BFE 的初版。最初，我们只在 BFE 上接入了少量的业务系统，并在自动化运维、软件的灰度发布、流量的负载均衡等方面收到了不错的效果；后来逐渐扩展到接入百度全部流量，并和百度的安全团队、爬虫团队等多个团队配合，在 BFE 上实现了越来越多的功能。

章淼是在 2012 年 BFE 项目成立不久后加入的，并在我离开百度之后全面接手了 BFE 的工作，使得 BFE 的功能得以持续发展和迭代。尤其在后来，章淼又以极大的勇气和技术自信对 BFE 用 Go 语言进行了重写，这也是国内首个用 Go 语言实现的大型项目。BFE 有比较好的架构和代码质量，很大原因是来自章淼的把控。作为清华计算机系的毕业生，章淼对于编程的艺术是有着持续的追求的。他在百度也专门开设了一门课程"代码的艺术"，听说在百度内部也备受好评。我们期待 BFE 也能够成为一个比较好的编程的范例。

回过头来看，BFE 项目从启动至今已经有 9 年时间了，但是还保持着活力。这一方面是因为章淼对技术的不断追求，另一方面是因为百度巨大的用户流量所带来的持续的挑战，同时也因为项目在开源之后来自开源社区的很多优秀的工程师的积极参与。BFE 项目在过去几年已经培养了一批优秀的软件工程师，团队早期的部分同学后来从百度"毕业"，陆续成为很多其他互联网公司的中流砥柱。

我期待，BFE 项目以及章淼的这本书可以帮助到更多软件工程师的成长。

夏华夏

美团首席科学家

2020 年 6 月 27 日

# 推荐序三

收到邀请为本书写推荐序我非常激动，如同前几年在听到 BFE 开源的消息时一样兴奋，因为这源自功能强大、经历过实战考验的百度流量转发平台。我为 BFE 能够被更广泛使用，进而在更广阔的领域发挥其技术价值而兴奋，为能推动行业技术和社会的发展而激动。

BFE 从诞生的那天起已经陪伴我 9 年的时间，我到现在都不能忘记 BFE 项目成立时和大家一起讨论如何在百度 NS（New Search）产品试点的情景。在 2016 年我统一管理百度运维部大前端接入项目时，有幸和 BFE 团队的同学们一起解决手机百度等核心业务的网络质量提升问题。到度小满金融独立时，我毫不犹豫地选择了 BFE 并一直应用到现在，其稳定性一直非常好。非常感谢 BFE 团队，感谢 BFE 这个产品。

BFE 是怎样炼成的，我总结有三点。

首先是 BFE 经历了百度场景下大规模流量实战考验。这是在百度巨大的业务体量环境下，历经数年打磨形成的。

其次是，BFE 团队是在章淼老师的严格带动下创建的。提到重构后的 BFE 团队，就不得不说到核心人物——章淼，人称章老师，平时非常和蔼可亲，为学、做事则极为严谨，对代码质量要求极高，章老师的《代码的艺术》讲座在公司内外流传广泛，影响可见一斑。在 BFE 多年开发迭代过程中，其平台能力、代码质量是有口皆碑的，度小满金融成立之初在流量接入产品选型上直接敲定了使用 BFE 的方案，看重的正是 BFE 平台背后有这样一支有实力、有能力的开发团队，有章老师这样务实严谨的技术带头人。

最后是开源的力量。BFE 项目从开源到现在已有两年，在度小满金融应用三年有余，这个过程更是一个不断成长的过程。这本书对于广大互联网从业者熟悉、使用、扩展模块或向开源项目贡献代码，将起到积极的作用。相信随着应用范围的进一步扩展，BFE 必将促进互联网接入技术的进步，向世界范围内的用户提供优秀的软件，推动产业界的技术进步和生产力提升，造福更多的人。

在这里，向各位读者推荐这本书，期待 BFE 帮助更多的人解决问题，期待着更多的人参与到 BFE 开源项目中来。

陈存利

度小满金融技术总监

# 推荐语

作为 BFE 曾经的建设者和使用者，我一直把它当作守护百度众多产品的"门神"。在用户流量接入、服务可靠性建设方面，百度将多年的经验和智慧沉淀其中，在 2019 年百度春晚活动的巅峰决战中，BFE 扛住了极限并发流量的冲击，让整个活动进展得如丝般顺滑。BFE 是十年磨一剑的作品，是百度工程实践的代表性作品之一，本书毫无保留地把这一切奥秘分享给大家，一定能在大家解决实际问题时给以启发。同时，我从本书中看到的是百度工程师务实、自驱、追求极致的工程态度，也希望它能给在工程实践中持续追求卓越的同路人以力量。

——贺锋　百度智能办公平台部总监

BFE 是百度统一的七层负载均衡接入转发平台。BFE 平台从 2012 年开始建设。截至 2020 年年底，BFE 平台每日转发的请求超过 1 万亿次，日峰值请求超过每秒 1000 万次查询。章淼博士是 BFE 平台的主要设计者和推动者，特别是推动 BFE 在 2019 年成为开源项目，这一决策让整个业界都可以从中获益。我很高兴看到章淼博士及团队推出了这样一本全面介绍 BFE 架构和关键技术的新书，相信本书能够进一步推动 BFE 在业界的影响和应用。我愿意推荐本书给广大信息技术从业者和技术开发人员。

——徐恪　清华大学计算机系教授、副系主任

BFE 是首个来自中国、在网络方向被 CNCF 接受的开源项目。对项目原理、设计、操作、实现、开发以及贡献感兴趣的读者，这本来自项目维护者撰写的书是绝对不容错过的。

——Keith Chan 陈泽辉

CNCF（云原生计算基金会）中国区总监、Linux 基金会亚太区策略总监

BFE 在互联网基础设施领域像一枚大型火箭炮，不追求面子上对于某些性能的极致指标，但从架构设计之初就充分考虑了各种大型复杂战场的实战需求。面对各种挑战，无论是互联网业务自身复杂多变、快速伸缩的场景，还是互联网技术日新月异的变化，BFE 都能高效、称手、可靠地完成各种作战任务。

——韦韬 蚂蚁集团副总裁

招商银行选择百度 BFE 作为招行私有云负载均衡和流量调度总入口，是因为遇到过 Nginx 等其他软件无法解决的难题，包括租户支持、配置热加载副作用小、快速启动、灵活的条件表达式、充分而超大规模的验证等。现在，BGW 和 BFE 在招行云逐步实现了对 F5 的替代。作为 BFE 的深度用户，招行既研究了 BFE 的开源代码，学习了章淼等老师的著作，也有了大量使用经验和些许建议。从用户角度来说，本书逻辑通顺，描述清晰。无论是原理或机制介绍，还是操作和实现步骤，都切实可行。我想这与章淼老师团队一贯注重软件工程质量和代码艺术是分不开的。BFE 是一个好产品，推荐更多读者和我们一起推动 BFE 开源社区不断发展壮大！

——熊爱国 招商银行云计算项目组负责人、招商银行杰出人才

　　站在安全者的角度来说，在改变内容安全的道路上，我们也尝试过很多支撑类产品，但效果都不太理想，直到我们遇到了它——BFE 平台。经过一段时间真刀真枪的使用（先线下再线上），它确实让我们眼前一亮：因我们网站的属性有别于商业网站，BFE 通过纯正的开源血统，很快地融入了我们现有的技术架构当中，且具有出色的转发性能和丰富的功能特色。

　　站在使用者的角度来说，我们很满意。在此也期待 BFE 在开源生态的长河中，为更多的小伙伴们带来更多的亮点。

——戴鸣泉　央视网网络安全部总监

　　我是在很早之前通过 Go Team 的 Robert 的介绍知道了 BFE 项目，这是唯一一个通过 Go 官方的人才知道的国内开源项目，也说明 BFE 在国际化方面做得非常好，因为项目得到了 Go Team 的认可。BFE 作为目前国内最大的流量转发开源项目，这一次章博士和他的团队出版的这本书终于能够让更多读者深度地去了解 BFE 背后的设计原理和实现。

——谢孟军　Gopher China 社区创始人，积梦智能 CEO

　　BFE 是一个现代化的、云原生的七层负载均衡系统，在百度内外有着广泛的使用，也是社区最关注的负载均衡软件之一。本书可以为技术人员指引道路，带他们进入 BFE 的世界，具有较强的实战指导意义。

——罗广明　云原生社区联合创始人、云原生布道师随着移动互联网技术的不断发展，企业规模越来越大，对于各个业务来说，服务接入网关转发、流控、安防等需求也随之增加。本书以循序渐进的方式详细剖析了 BFE 的方方面面，从原理到设计，再到实战。我相信这本书将帮助读者吃透 BFE，深入理解网络接入。

——杨文　Go 夜读社区创始人

在云计算时代浪潮下，大规模、高并发的技术架构已成为主流。云计算的高速发展，离不开底层基础设施的创新与改进。传统七层负载均衡架构已无法满足复杂的网络集群，由此，百度在云时代的巨量请求背景下产出了 BFE 产品，并在内部不断总结七层负载均衡技术的最佳实践，这本书对 BFE 庖丁解牛，内容全面详尽，这本书值得每一位与云计算基础相关领域的工程师阅读。

——郑东旭　BFE 开源项目 Maintainer、《Kubernetes 源码剖析》作者

在多数据中心、多集群、多租户的复杂流量调度转发场景下，BFE 是一个很好的解决方案。BFE 作为流量接入层，可以做到开箱即用，同时提供了很好的插件扩展机制，也可以结合 Kubernetes 落地云原生场景。本书涵盖了 BFE 的原理设计、架构实践、开发扩展等方面，读者在学习掌握 BFE 的同时，也可以对流量调度、转发接入、负载均衡有新的理解。

——于畅　奇虎 360 云原生工程师

# 序

从 2014 年 4 月写下 Go 语言版本 BFE 的第一行代码起，7 年多的时间过去了。从 2015 年 1 月 Go 语言版本 BFE 全量上线开始，BFE 至今已经在百度稳定运行了 6 年多的时间，每天转发请求超过万亿次。

BFE（Baidu Front End，百度统一前端）是百度统一七层流量转发平台，当你访问百度的时候，很可能已经在使用 BFE 的服务了。

百度的 BFE 团队始建于 2012 年。当 2012 年年底我加入百度的时候，整个团队只有 6~7 个人。这个团队的创始人是夏华夏同学（现在在美团），他为 BFE 团队的工作方向做了奠基性规划。BFE 初期的转发引擎是基于 C 语言的，听说是杨震原同学（现在在头条）的大作。

2014 年年初，基于各种考虑，我们决定对转发引擎进行重构。这次重构前后花费了 3 个季度，投入了超过 30 个人月的资源。在面对多次失败的风险后，Go 语言版本的 BFE 终于出炉了。

这里必须感谢部门领导李硕和团队经理贺锋的大力支持，感谢管理层的高度信任；感谢直接参与的几位同学（李炳毅、魏为、杨思杰、陶春华等），大家都是冒着失败离职的风险，硬着头皮把这个项目做下来的。

我必须要感谢百度。到目前为止，我仍然坚定地认为，百度是中国最适合做技术的公司。百度给了工程师最大的尊重和自由，也愿意为了技术研发承担最大的风险。BFE 团队的另一个项目 GTC（全局流量调度），前后研发了 5 年时间。曾经有一个朋友告诉我，也就只有百度可以给团队这么多的时间，如果在其他公司，一年内做不出来，项目很可能就被取消了。能够在百度、在中国做全球最领先的技术，我感到无比骄傲。

2019 年 7 月，BFE 的转发引擎对外开源。项目名称仍保留英文缩写 BFE，英文全称更名为 Beyond Front End（中文意为"超越前端"）。我们希望通过 BFE 的开源推动负载均衡技术的发展。

从开源的那天起，BFE 就已经开始了新的征程。BFE 得到了各方的广泛关注，有不少新增的功能是由百度之外的开发者贡献的。BFE 也被一些客户选择用于关键的业务场景，在度小满金融、央视网、招商银行等处都有 BFE 的身影。作为一个做技术的人，能够让自己所做的工作为社会创造价值，这是莫大的幸福和荣幸。

在 BFE 开源后，我们不断地收到大家提出的一些问题。网络负载均衡本身是一个比较专业和复杂的技术方向；BFE 是为面向工业级使用场景而设计的，在模型和机制上和其他同类软件相比，会更加复杂。以上这些因素让一些使用者和开发者在理解 BFE 的机制方面遇到了困难。希望通过《万亿级流量转发：BFE 核心技术与实现》这本书，能够帮助读者更好地了解网络负载均衡的相关技术，让读者更容易地理解 BFE 的设计机制和使用方法。

BFE 项目，是一群技术人的汗水、梦想和追求。

BFE 开源，是为了交流、共享，为全中国、全世界的同行赋能。

感谢各位读者的关注，欢迎大家使用 BFE 开源项目，并提出反馈或参与开发！

章淼 博士

百度 BFE 团队技术负责人、百度代码规范委员会主席

2021 年 6 月 25 日写于百度

# 前 言

## 为什么要写这本书

网络负载均衡技术已经存在了很多年。无论是商用的硬件负载均衡器，还是免费的 Nginx、HAProxy 等开源软件，都已经被业界使用多年。随着云计算技术的蓬勃发展，我们又迎来了重新定义负载均衡系统的时机。

作为一个现代的七层负载均衡软件，BFE 在 2014 年基于 Go 语言编写，在百度内部每日处理的请求超过 1 万亿次，并于 2019 年年初成功支持了百度"春晚红包"项目。BFE 于 2019 年 7 月对外开源，并于 2020 年 6 月被云原生计算基金会（CNCF）接受为"沙盒项目"。

BFE 是学术、技术和工程相结合的产物。从 2015 年开始，笔者已经围绕 BFE 对外做过多次技术分享，在 BFE 开源项目的官网上也有一些说明文档。但是，对于 BFE 的原理、设计和实现机制仍缺少系统、全面的资料，这给相关同行了解和使用 BFE 带来了困难。

为此，笔者整合了 BFE 开源项目的相关资料和自己的研发心得，希望能够通过这些内容帮助读者理解 BFE 的原理、实现机制和使用方法。

## 如何阅读本书

本书面向的读者包括计算机网络方向的研究者、网络相关技术的开发者、一般后台程序的开发者、负载均衡系统的使用者等。

本书分为四部分。

第一部分为原理篇，包括第 1 章至第 3 章，介绍 BFE 开源项目的概貌，并对 BFE 所涉及的网络前端接入和网络负载均衡的技术原理做简要介绍。

第二部分为设计篇，包括第 4 章至第 8 章，说明 BFE 开源项目的设计细节，包括 BFE 的设计思想、BFE 的转发模型、与转发相关的关键机制、运维相关机制、HTTPS 的优化等。

第三部分为操作篇，包括第 9 章至第 13 章，说明如何安装和部署 BFE、如何在各种使用场景下配置 BFE。

第四部分为实现篇，包括第 14 章至第 17 章，从处理流程、插件机制、协议实现等方面说明 BFE 的实现机制。

## 勘误与支持

由于笔者水平有限，书中难免会出现一些错误，恳请读者批评指正。如果您有宝贵的意见和建议，请发邮件到 BFE-OSC@baidu.com，期待和您进一步深入交流。

## 致谢

首先，感谢百度公司和百度的各位同事，为 BFE 的诞生和发展创造了良好的环境，本书的完成离不开大家的支持和鼓励。

然后，感谢 BFE 开源社区的贡献者和参与者，感谢 CNCF，BFE 开源项目的发展源于大家的关爱和支持。

最后，诚挚地感谢电子工业出版社的滕老师等工作人员，依靠大家的鼓励和幕后支持，才有了本书的出版。

---

### 读者服务

微信扫码回复：41565

- 获取本书配套代码、技术分享视频和参考链接。
- 加入本书读者交流群，与作者互动。
- 获取【百场业界大咖直播合集】（持续更新），仅需 1 元。

# 目  录

## 设 计 篇

## 操 作 篇

# 实　现　篇

# 原理篇

负载均衡技术已经诞生很多年，似乎已是一个非常成熟的领域了。但是，近些年互联网业务的发展对网络前端接入技术提出了新的挑战，由此推动了负载均衡技术的发展，也促使了 BFE 的诞生和发展。

在深入介绍 BFE 之前，本篇首先对 BFE 的概貌、网络前端技术的发展趋势和负载均衡技术做简要说明。

# 第 1 章

# BFE 简介

本章将对 BFE 做一个概括介绍，主要内容如下。

（1）什么是 BFE。

（2）构建 BFE 平台的出发点及平台主要功能。

（3）BFE 开源项目情况。

## 1.1　什么是 BFE

BFE 最初是 Baidu Front End（百度统一前端）的缩写。BFE 平台是百度统一的七层负载均衡接入转发平台，该平台从 2012 年开始建设，截至2020 年年底，平台每日转发的请求超过 1 万亿次，日峰值请求超过每秒1000 万次查询。

2014 年，BFE 平台的核心转发引擎基于 Go 语言重构，并于 2015 年 1 月在百度全量上线。在全世界范围内，BFE 平台是较早将 Go 语言用于负载均衡场景及大规模使用的项目。

2019 年年初，BFE 平台成功地支持了百度春晚红包项目。在本次项目中，BFE 平台提供了每秒亿次级别请求的转发能力，在海量流量下支持了 HTTPS（Hyper Text Transfer Protocol over SecureSocket Layer，以安全为目标的 HTTP 通道）卸载，以及精确限流等关键能力，保证了活动的顺利进行。

2019 年 7 月，BFE 平台的转发引擎对外开源。因为 BFE 开源项目在业界的巨大影响力，所以项目名称仍保留英文缩写 BFE，但英文全称更名为 Beyond Front End（中文意为"超越前端"），我们希望通过 BFE 的开源推动负载均衡技术的发展。

2020 年 6 月，BFE 被 CNCF（Cloud Native Computing Foundation，云原生计算基金会）接受为"沙盒项目（Sandbox Project）"。

BFE 开源项目的地址为 GitHub 官网上的 bfenetworks/bfe，也可以在 GitHub 中搜索"bfe"。

# 1.2　BFE 平台介绍

本节介绍 BFE 平台的情况。首先介绍为什么需要构建 BFE 平台，然后介绍 BFE 平台的主要功能。

## 1.2.1　为什么需要构建 BFE 平台

在传统方案中，并不存在统一的七层负载均衡接入层，如图 1.1 所示。在存在多个服务的场景下，各业务流量在经四层负载均衡的转发后，直接到达业务的 Web 服务集群。

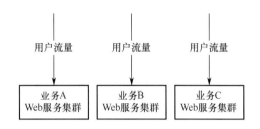

图 1.1　流量经四层负载均衡转发后直达业务 Web 服务集群

这种方案存在以下问题。

（1）功能重复开发。在协议处理、安全等方面，很多重要的功能都需要支持，考虑到各种业务集群在语言、技术栈上的差异，在多个不同的业务集群上支持相同的功能会带来很高的研发成本。

（2）运维成本高。在某些场景下，需要多个业务同时上线相同的安全策略，在缺乏统一七层负载均衡接入层的情况下，需要在多个业务集群反复上线。这不仅仅带来大量的上线工作成本，而且也使得策略的上线时间很长。

（3）流量统一控制能力低。由于各业务集群的分散性，在公司层面，缺乏对流量情况的统一观察和控制能力，这也阻碍了对网络资源的统一控制，以及对网络服务质量的统一管理。

在引入 BFE 平台后，所有流量都经过 BFE 的接入转发后才到达业务 Web 服务集群，如图 1.2 所示，从而带来以下优点。

（1）功能统一开发。无论业务集群的技术有何差异，各种相关功能只需要在 BFE 平台做一次开发即可。

（2）运维统一管理。对于需要普遍使用的安全策略，只需要在平台上统一上线即可。

（3）增强流量控制能力。和四层负载均衡相比，七层负载均衡可以"看到"流量中更多的内容，可以在流量转发、安全、数据统计等方面提供更强的能力。

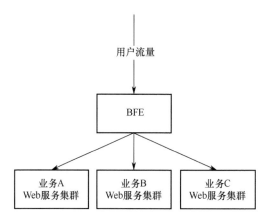

图 1.2　所有流量经 BFE 接入转发后到达业务 Web 服务集群

## 1.2.2　BFE 平台的主要功能

作为一个综合的大型七层负载均衡流量转发平台，BFE 平台包括以下 4 个主要功能，如图 1.3 所示。

（1）接入和转发。BFE 平台可以接收处理 HTTP、HTTPS、HTTP/2、QUIC（Quick UDP Internet Connections，基于 UDP 的低延迟的互联网传输层协议）等多种协议的流量，并基于 HTTP 头部信息做分流转发。

（2）流量调度。BFE 平台包括由内网流量调度和外网流量调度所组成的两层流量调度体系。

（3）安全防攻击。BFE 平台支持多种安全能力，包括黑名单封禁、大容量限流、WAF（Web Application Firewall，应用层防火墙）等。

（4）数据分析。BFE 平台可以基于转发日志生成实时流量报表，以此反映业务的流量变化情况及下游业务集群的健康状态（错误数、延迟等）。

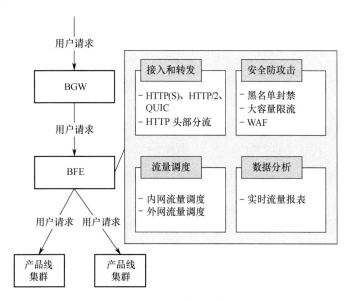

图 1.3 BFE 平台的主要功能

## 1.3 BFE 开源项目介绍

下面介绍 BFE 开源项目的情况。首先介绍 BFE 平台的模块组成，然后说明 BFE 开源项目中所涉及的模块和功能。

### 1.3.1 BFE 平台的模块组成

BFE 平台是由很多模块构成的一个比较复杂的分布式系统，可以分为数据平面和控制平面，以及一些相关依赖模块，如图 1.4 所示。

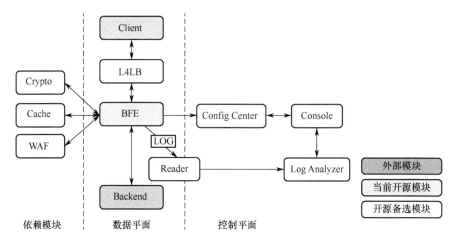

图 1.4　BFE 平台的模块组成

数据平面的主要模块包括以下两部分。

（1）转发引擎 BFE：提供流量的基础转发功能。

（2）日志单机模块（Reader）：负责在单个节点上对转发日志进行处理。

控制平面的主要模块包括以下几部分。

（1）日志分析模块（Log Analyzer）：在日志单机模块的基础上，对日志数据进行集群化集中处理。

（2）配置中心（Config Center）：集中管理 BFE 的转发配置。

（3）管理控制台（Console）：供人员管理配置，查看平台状态。

和转发相关的依赖模块包括以下几部分。

（1）加解密模块（Crypto）：可以对 HTTPS 处理中的部分高消耗计算提供远程服务，从而降低对 CPU 资源的消耗。

（2）缓存模块（Cache）：提供转发所需的缓存功能，如对 HTTPS 中所使用的会话缓存（Session Cache）。

（3）应用层防火墙（WAF）：提供对恶意请求进行检查的功能。

## 1.3.2　BFE 开源项目中的内容

目前 BFE 开源项目中的内容为 BFE 平台中的转发引擎，包括核心框架和大部分的功能，具体功能包括以下几部分。

（1）主流接入协议的支持，包括 HTTP、HTTPS、SPDY（Google 开发的基于传输控制协议的应用层协议）、HTTP/2、Web Socket 和 TLS（Transport Layer Security，传输层安全）。

（2）灵活的模块框架。BFE 开源项目中已经包含了很多扩展模块，也支持开发第三方扩展模块。

（3）基于请求内容的路由。该项目提供 BFE 专有的"条件表达式（Condition Expression）"能力，可以灵活地定制转发规则。

（4）多种负载均衡策略。该项目支持"集群—子集群—实例"的多层级负载均衡能力，可以支持多机房、集群粒度的负载均衡，并支持过载保护。

（5）丰富的监控探针。在 BFE 中内置了丰富详尽的监控指标，配合第三方监控系统（如 Zabbix、Prometheus）可以充分掌握系统的状态。

以上这些内容，将在后面的章节中做详细介绍。

# 第 2 章

# 网络前端接入技术简介

BFE 属于"网络前端接入"方向。本章对网络前端接入技术进行介绍，具体包括以下内容。

（1）什么是网络前端接入。

（2）网络前端接入面临的挑战。

（3）百度的网络前端接入方案。

（4）网络前端接入技术的发展趋势。

## 2.1 什么是网络前端接入

"前端（Front End，FE）"这个词经常用于区分软件工程师的角色：在浏览器上基于 JavaScript、HTML 等技术开发前端程序的工程师，常被称为前端工程师或 FE 工程师，而在服务器上基于 C++、Java、Go 等编程语言开发后台程序的工程师，被称为"后端工程师"。

从事网络前端接入方向的工程师不是前端工程师，而是网络研发工程师。在这里，前端（Front End）是从网络和用户访问的角度出发而产生的概念；后端（Back End）的服务位于数据中心，是用户无法直接访问的；用户的流量必须要经过网络前端接入（也就是前端）的转发才能到达后端。我们也可以把网络前端接入定义为流量从用户到达服务的过程，如图 2.1 所示。

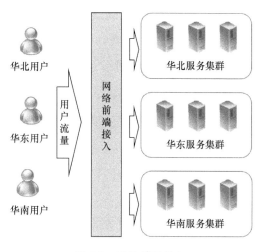

图 2.1　网络前端接入

流量从用户到达数据中心的服务并不是一个很简单的过程。流量从用户到达服务，要经过很多系统或设备的处理，其中包括家庭或公司的网络，也包括运营商的网络及服务提供商自己的网络。网络前端接入非常关键，如果这个环节出现了问题，即使数据中心内部署的服务是正常的，用户也无法很好地访问服务。

## 2.2　网络前端接入面临的挑战

网络前端接入面临以下几方面的挑战。

## 1. 可用性

可用性是网络前端接入面临的最严重的问题，会导致用户根本无法正常访问服务，从而出现流量损失。这方面可能会出现如下问题。

（1）网络的故障：用户网络、运营商网络、服务提供商的网络都可能出现故障。

（2）服务的故障：数据中心内部署的服务可能由于数据中心、服务器、后台程序的问题而无法正常提供服务。

（3）网络攻击：黑客可能发动 DDoS（Distributed Denial of Service，分布式拒绝服务）攻击或应用层攻击，从而导致网络带宽拥塞、相关服务系统过载或崩溃。

## 2. 性能

性能方面的问题会导致用户访问服务的速度变慢，而访问速度会直接影响互联网用户的访问体验。这方面可能会出现如下问题。

（1）低效的网络协议。网络协议对于传输性能有很大的影响，尤其在移动无线互联网场景下，在延迟抖动和高丢包率的影响下，之前为有线网络设计的很多网络协议都出现了性能方面的问题，这种情况也推动了近年来网络协议的快速升级。

（2）不优化的调度。在大型企业存在多地域、多运营商接入点的情况下，如何将不同地域运营商的用户调度到合理的网络接入点，是一项非常重要的技术。如果没有实现就近接入，或者没有调度到不同运营商的接入点，都可能导致网络访问性能的降低。

## 3. 安全

安全方面的问题给互联网服务企业和互联网用户造成了极大的威胁，

甚至可能带来巨大的经济损失。这方面可能出现如下问题。

（1）流量劫持。黑客可能通过 DNS（Domain Name System，域名系统）劫持等手段将用户流量引导到伪造的网站上。

（2）内容劫持。黑客可能会对未使用 HTTPS 技术加密的网页进行内容插入或修改，例如，可能在访问的内容中插入非网站主提供的广告内容，从而获取非法经济利益。

（3）隐私泄露。黑客可以对未使用 HTTPS 技术加密的访问进行嗅探，例如，可以对用户的访问情况进行监听收集，从而了解用户的兴趣，并将这些信息用于广告发布等。

### 4．效率

在多地域/数据中心/实例的场景下，不优化的调度可能导致多地域/数据中心/实例级别的负载不均衡，这会造成服务资源间忙闲不均，从而导致服务资源无法充分利用。

## 2.3　百度的网络前端接入方案

百度作为一家大型互联网企业，具有多地域、多数据中心的复杂场景，其网络前端接入方案如图 2.2 所示，具体包括以下几个关键系统。

（1）GTC（Global Traffic Control，全局流量调度），即外网流量调度。GTC 用于在网络入口间对外网流量进行调度。在网络流量调度方面，有两种可能的技术方案：DNS 或 BGP（Border Gateway Protocol，边界网关协议）路由。出于带宽资费等方面的原因，国内普遍使用由运营商提供 IP 地址的"静态"带宽，而不是由网站服务商提供地址的"BGP"带宽，所以

GTC 也主要基于 DNS 来生效。

（2）HTTPDNS，即移动域名解析。IITTPDNS 用于为移动客户端提供域名解析服务。DNS 作为互联网的重要基础设置，一直存在容易被劫持、生效速度慢、解析准确性低等固有问题。随着移动互联网的发展，尤其是移动 APP 的广泛使用，这些固有问题迎来了得以解决的新机遇。HTTPDNS 基于加密的 Web 服务，可以解决 DNS 存在的一系列问题，目前已经在百度的所有重要移动客户端上被广泛使用。

（3）BGW（Baidu Gate Way，百度网关），即四层负载均衡系统。BGW 为流量提供网络负载均衡服务，其功能类似于著名的开源软件 LVS（Linux Virtual Server，Linux 虚拟服务器），但它是由百度基于 DPDK（Data Plane Development Kit，数据平面开发套件）技术自主研发的系统。

（4）BFE，即七层负载均衡系统。BFE 为流量提供应用层负载均衡服务，内网流量调度 GSLB（Global Server Load Balancing，全局负载均衡）作为 BFE 的子功能，提供跨数据中心的集群粒度的流量调度。

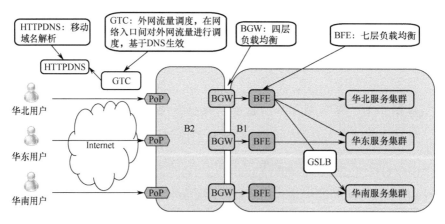

图 2.2　百度的网络前端接入方案

注：PoP 为"入网点（Point-of-Presence）"；B1 为百度的内网骨干网，承载内网之间交互的流量；B2 为百度的外网骨干网，承载跨机房间外网流量的转发。

## 2.4　网络前端接入技术的发展趋势

BFE 的技术研发基于对网络前端接入技术发展趋势的观察和思考。本节对网络前端接入技术的发展趋势进行讨论，涉及内容包括以下几方面。

（1）网络传输的加密化。

（2）网络协议的技术门槛提高。

（3）移动化对网络前端接入的影响。

（4）网络安全防护的重要性提高。

（5）数据驱动的运营。

（6）自动化/智能化的控制。

（7）网络前端接入的软件化/服务化/开源化。

（8）网络前端接入的云原生化。

### 1. 网络传输的加密化

作为一种对网络访问进行加密的技术，早在 2000 年 HTTPS 就已经在 RFC2818 中被定义。但是在之后的十多年间，HTTPS 在业界并没有被普遍使用。

近年来，随着互联网在人们生活中的快速渗透，互联网所承载的经济利益越来越高，HTTP 明文传输所导致的安全风险也越来越大。对于未使用 HTTPS 技术的网站，可能会存在以下威胁。

（1）配合 DNS 劫持技术，网站可能被伪造。对于包含具有经济利益的账户的网站（如银行、电商），黑客可以通过这样的方式得到用户的账户名和密码。

（2）用户获得的访问内容可能被篡改。例如，对于一些具有高质量内容的网站，黑客可能在网站主没有感知的情况下通过广告内容获取非法利益。

（3）用户的访问信息可能被嗅探。例如，通过嗅探用户对搜索、电商等网站的访问情况，黑客可以将这些信息转卖给第三方公司并用于广告投放的优化。

从保护搜索流量不被劫持和窃听的角度来说，Google 从 2014 年起大力推动自身的 HTTPS 优化改造。2014 年至 2021 年，Google 产品和服务的 HTTPS 流量覆盖率从 50%提升至 95%，如图 2.3 所示。同时，Google 也通过 Chrome 浏览器的巨大影响力，推动第三方网站升级到 HTTPS，对于未使用 HTTPS 的网站，在 Chrome 浏览器中会显示为"不安全"。几乎在同一时期，国内的各大互联网公司也都开始全站 HTTPS 优化改造的工作。

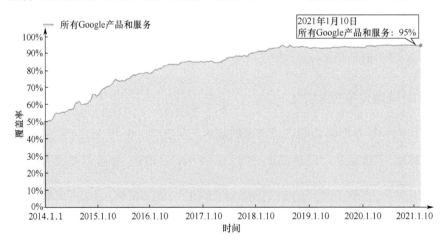

图 2.3　Google 产品和服务的 HTTPS 流量覆盖率（源自 Google 官网）

必须说明的是，HTTPS 优化绝对不是"将 HTTP 访问加密"这么简单，HTTPS 优化给使用这项技术的公司带来了一系列挑战。

（1）对网络资源管理的要求提高。在 HTTPS 优化中涉及 HTTPS 证书的问题，而证书和域名紧密相关。在 HTTPS 优化改造过程中，部分企业可能发现之前无序申请的大量域名可能会在证书的使用和成本方面带来很大问题。

（2）对于外部的依赖增强。在使用 HTTPS 后，由于技术更加复杂，服务器一侧对于客户端的兼容性难度增加。在服务端程序升级时，有可能由于部分客户端程序/代码库不兼容导致服务访问的异常。另外，在使用 HTTPS 后，对 CA（Certificate Authority，证书授权机构）产生了很大的依赖，CA 成为网站保持稳定性和安全性的一个新的隐患。

（3）对性能方面的影响。在 HTTPS 中由于使用加解密技术，肯定会对性能产生一定的影响，尤其是其中使用的非对称加解密计算，会消耗大量的 CPU 计算资源，这会导致网站成本的提升，并增加了 DDoS 攻击的风险。

（4）对延迟方面的影响。和 HTTP 相比，HTTPS 会增加 1 到 2 轮的协议报文交互，从而增加用户的访问延迟。在用户和网站之间，对于网络延迟本身就是比较大的场景，HTTPS 会加倍地"放大"这种延迟。

对于以上这些挑战，都需要在技术和机制上采取一些措施来解决。

**2. 网络协议的技术门槛提高**

在大约 20 年前，搭建一个网站可能是一个相对简单的事情。HTTP 就是主流的网络协议，一个对网络可能没有过多了解的技术人员，根据一些简单说明，下载一个 Apache（后来是 Nginx）软件，安装并运行就可以了。

最近几年，随着安全技术的升级，以及针对移动互联网的网络协议的升级，HTTPS、SPDY、HTTP/2、QUIC 等协议不断出现，有些已被广泛使用。相比 HTTP，这些协议的复杂性提高了很多，并不是所有人都能够快速掌握这些协议。技术人员如果对相关协议技术没有深入了解，可能会遇到在安全性、稳定性和性能等方面的很多问题。这种情况推动了网络前端接入人员的专业化的提升，很多公司尤其是规模较大的互联网公司，都建立了专门的网络前端接入团队。

### 3. 移动化对网络前端接入的影响

网络访问移动化体现在两个方面：一方面，从网络传输的介质来说，已经有相当大比例的流量来自无线互联网（如 WIFI、3G/4G/5G）；另一方面，相当大比例的用户通过移动终端/移动客户端来访问，而不是通过 PC 端。早在 2014 年 10 月，百度搜索在移动客户端上的流量就超过了 PC 端。

网络访问的移动化，对网络前端接入产生了重要的影响，表现在以下几方面。

（1）传输协议的快速升级。互联网上经常使用的 TCP（Transmission Control Protocol，传输控制协议），其设计中包含的很多重要假设都是基于有线网络。例如报文的丢失，发生报文丢失的主要原因是网络中出现了拥塞，所以报文丢失可以作为发生拥塞的一个信号；端到端的延迟和带宽在一定时间内是相对稳定的，通过超时时钟的机制来发现丢失。在无线互联网场景下，以上很多假设被打破了。由于无线链路的特点，很多报表的丢失并不是由于拥塞，而端到端的延迟和带宽也是不稳定的。这种变化引发了业界对互联网协议的升级。

（2）传输协议的私有化。众所周知，TCP 位于操作系统的网络协议栈中。全世界只有 3 家公司可以对移动端的操作系统进行修改，它们分别是：Google（Android 系统）、苹果（iOS 系统、macOS 系统）和微软（Windows 系统）。对于其他公司，在客户端一侧对 TCP 进行持续优化的可能性很低，而之前的大量优化都只能让技术人员从服务端想办法。移动端尤其是 Native APP 的广泛使用，改变了这种状况。QUIC 就是一个例子，它基于 UDP（User Datagram Protocol，用户数据报协议）并运行在 APP 中，任何公司都可以根据自己的需要对其进行修改和优化。

（3）HTTPDNS 的兴起。DNS 是互联网的三大基础机制之一（另外两个分别是 IP 路由和 TCP 拥塞控制），如前所述，DNS 具有容易被劫持、生效速度慢、解析准确性低等固有问题，但在移动互联网时代，这些固有问题有可能得到解决。

### 4. 网络安全防护的重要性提高

由于互联网服务能带来一定的经济利益，这也引来了各种攻击，如通过大压力导致网站无法服务的 DDoS 攻击，或者利用网站的各种漏洞所实施的应用层攻击。网络攻击是被业务的价值吸引的，公司的营收越大，受到攻击的可能性就越大。如果没有足够的安全防护能力，想平平安安地利用互联网从事经济活动或客户服务几乎是不可能的事情。

我们经常看到类似这样的新闻：某个游戏公司的游戏产品做得很好，玩家非常喜欢，用户量不断上升，但突然被恶意 DDoS 攻击，造成用户无法正常使用，导致大量用户流失，甚至公司倒闭；某个公司由于存在安全漏洞，黑客从数据库中窃取了客户的隐私信息，从而影响公司在市场中的声誉。

对于一般的公司来说，DDoS 防护和 WAF 防护等安全机制已经成为普遍需要的基础能力。在 DDoS 攻击的防御方面，有以下两种可能的思路。

（1）对攻击流量进行过滤。这适用于攻击流量小于带宽容量，或者攻击流量小于负载均衡系统的场景。

（2）通过调度进行应对。当攻击流量大于带宽容量或负载均衡系统时，需要将流量调度到其他空闲的网络接入点。

在应用层攻击防御方面，要做的重点工作是以下两方面。

（1）检查规则的完备程度。WAF 的有效性对检查规则的依赖度很高，0Day 场景仍然是对 WAF 的巨大挑战。

（2）执行检查规则所需要的计算资源。执行检查规则所需要的计算资源会随着规则数的增加而增加。在资源消耗和安全性之间，需要做权衡。

对攻击的防御，本质上是一种基于资源（包括带宽、计算能力等）的对抗。防攻击的能力部分取决于资源动员的能力，在被攻击的时候，是否可以灵活调用所有的带宽资源、服务器资源参与对抗，决定了攻击防御的结果。建设强大的资源调度能力，对于提升攻击的防御能力非常重要。

### 5．数据驱动的运营

在互联网最初出现的时候，业内存在这样一种说法：互联网是"尽力而为（Best Effort）"。和电信网络相比，无法保证非常高的稳定性。但是，目前很多互联网服务已经成为生活所必需的基础服务，其重要性类似于生活中的"水"和"电"，这就对互联网服务的稳定性提出了极高要求。

对应于网络前端接入，以前可能对服务、流量、故障的情况并没有持续和精确的数据报表及完备的监控。在很多公司，对于公司整体的每秒请求数、并发连接数、HTTPS 握手成功率等是缺乏准确数据的，更不要说按照服务、域名、地域等维度对这些数据进行深入分析了。

要实现提升服务可靠性这一目标（如从 99.9%提升到 99.999%），肯定不能仅依靠人工运营的方式，而必须依靠技术手段。因此，转向基于数据的运营是必由之路。

前端接入网络数据方面的建设工作包括以下 3 方面。

（1）建立相关的报表体系。

（2）建立关键的监控。

（3）为自动化/智能化控制提供所需要的数据。

从数据内容的角度来说，可以考虑在以下 3 方面建立报表和监控体系。

（1）网络前端接入的业务的用户流量数据。

（2）各服务的后端服务的状况。网络前端接入作为调用方，可以发现后端服务在延迟、错误率等方面的异常。

（3）外部网络的状况。对于网络前端接入来说，外部网络是最难以控制的，需要尽可能对 Local DNS（本地域名系统）的解析情况、各地区到接入点的连通性等情况进行监控。

### 6. 自动化/智能化的控制

前端网络接入中有很多需要决策的地方，如流量的调度、止损的处理等。在很多公司，这些问题仍然是依靠人工来处理的。

对于从人工升级到自动控制这一目标，很多人的认识仍然停留在"节省人力成本"上。其实，这还不是最重要的。在提升服务的可靠性方面，很多自动控制的能力是人工根本无法实现的。比如，在外网流量调度方面，百度的自动调度程序可以持续根据带宽资源、服务容量、网络连通性等信息，持续进行计算；在出现故障的情况下，在 2min 内实现自动切换。这样的效果是人工完全无法完成的（即使一个人可以持续 7×24h 的工作）。

从自动化控制的角度来说，可以优化的方向包括以下几点。

（1）将以前靠人来执行的策略，固化为系统中的策略，从而减少对个人的依赖。

（2）在建立模型的基础上，不断优化模型和策略。

（3）从定性的控制升级为定量的控制。在这方面，人是很难做到的。

这里必须要说明的是，实现自动化的控制并不是那么容易，这对系统设计提出了很高的要求。和基于人工控制的系统相比，自动控制的系统有以下两个基本前提。

（1）清晰的模型。自动化系统的难点不是系统和编码，而是模型的设计和优化。模型设计的质量决定了系统最终的质量，而对很多软件工程师来说，模型的设计能力是一个亟待弥补的短板。

（2）完备、可靠、可量化的数据。对算法的执行效果的控制严重依赖于所输入的数据。在可靠性要求方面，用于控制的数据远高于报表数据。如果数据系统出现了故障，也会导致最终控制的失败。在自动控制的系统设计中，需要在数据采集和控制方面做出很多容错的设计。

### 7．网络前端接入的软件化/服务化/开源化

之前大部分的网络前端接入功能都是由硬件设备提供的。使用者需要购置相关的设备，并部署在自己的数据中心。最近这些年，这方面已经发生了很大变化，具体表现为以下 3 点。

（1）软件化。基于标准服务器部署软件来实现网络前端接入的功能，如负载均衡、DNS。这不仅能降低设备采购成本，而且增强了这些功能的弹性扩缩容能力。

（2）服务化。对于某些功能而言，甚至不需要部署软件就可以直接使用

服务，包括公有云中的各种负载均衡服务、DNS、CDN（Content Delivery Network，内容分发网络）及网络代理接入等，可以购买相关服务。

（3）开源化。在云计算领域，开源是重要的驱动力，在网络前端接入领域也是如此。开源增强了使用者对于软件的控制力，也增强了软件的进化能力。

### 8. 网络前端接入的云原生化

云原生（Cloud Native）是目前云计算的重要方向。

一方面，网络前端接入系统要支持业务的云原生化，支持业务的微服务化、多租户、弹性扩缩容等能力；另一方面，也要实现自身的云原生化，自身需要具备微服务化、弹性扩缩容的特性。

# 第3章

# 网络负载均衡技术简介

第 2 章从"网络前端接入"的角度介绍了 BFE 的背景。同时，从系统分类的角度来看，BFE 也属于"网络负载均衡"的范畴。为了便于大家理解，本章对网络负载均衡技术做一个简要介绍，具体内容包括以下 3 方面。

（1）负载均衡的概念。

（2）负载均衡器和名字服务的对比。

（3）四层负载均衡和七层负载均衡的对比。

## 3.1　负载均衡的概念

负载均衡，英文为 Load Balancing，在计算机领域是指将一组任务分布到一组计算单元上来处理。负载均衡技术在分布式计算的场景中有着广泛的使用，只要计算单元不止一个，都需要考虑使用负载均衡技术。

在网络领域，负载均衡器（Load Balancer）负责将网络流量分发给下游的多个实例，如图 3.1 所示。

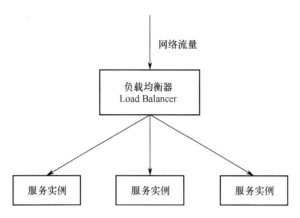

图 3.1　负载均衡器将网络流量分发给下游的多个实例

## 3.2　网络负载均衡功能的实现

网络负载均衡功能的实现，可基于负载均衡器，也可基于"名字服务 +
客户端策略"。下面对这两种实现方式进行说明和对比。

### 3.2.1　机制说明

#### 1．基于负载均衡器的方式

所有的网络流量都先发送给负载均衡器，再由负载均衡器转发给下游
的服务实例，如图 3.2 所示。在这种方式下，负载均衡的功能都由负载均衡
器来完成。

#### 2．基于"名字服务 + 客户端策略"的方式

客户端通过 DNS（或其他名字服务）获得服务实例的地址列表，然后

客户端把网络流量直接发送给服务实例，如图 3.3 所示。在这种方式下，负载均衡的功能都由客户端和名字服务配合完成。名字服务在返回服务实例地址列表时，有一定的策略；客户端在获得服务实例的地址列表后，在发送网络流量时也可以有一定的策略。

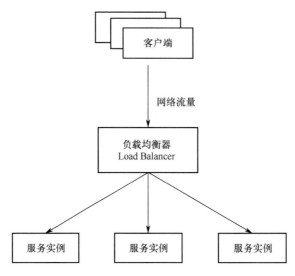

图 3.2　基于负载均衡器的方式

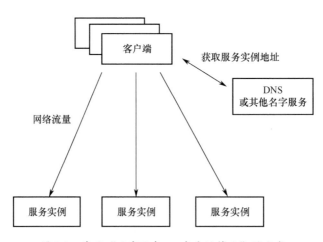

图 3.3　基于"名字服务 + 客户端策略"的方式

## 3.2.2　两种方式对比

表 3.1 对以上两种方式进行了对比。

（1）**基于负载均衡器的方式**适用于对流量控制要求比较高的场景，可以实现单个连接/请求粒度的精细转发控制，而且这种方式对客户端的要求很低，客户端不需要实现任何策略，也不涉及客户端 SDK（Software Development Kit，软件开发工具包）的引入。这种方式的弊端是需要在负载均衡器方面投入额外的资源，在使用时需要计算所需要的资源成本。

（2）**基于"名字服务+客户端策略"的方式**的好处是不需要额外的资源消耗，从客户端直接访问服务。但是这种方式的执行效果强依赖于客户端的配合，在客户端上要实现较复杂的策略，通常要引入客户端 SDK，从而带来了客户端升级的成本。对很多公司来说，客户端软件的种类很多，分属不同的团队，要做到及时升级是很困难的。另外，这种方式的执行粒度比较粗，客户端和名字服务之间的交互不可能过于频繁，秒级的交互频率已经是很高了，即使这样也不可能做到单个连接/请求粒度的控制。

在某些场景下，无法使用负载均衡器，而只能使用"名字服务+客户端策略"的方式，如在"外网调度场景"下，就只能使用 DNS 的方式。

表 3.1　两种方式对比

| 方　　式 | 对流量的控制力 | 资 源 消 耗 | 对客户端的要求 | 适 用 场 景 |
|---|---|---|---|---|
| 基于负载均衡器 | 强：可以达到单个连接/请求粒度 | 高：负载均衡器引入了额外的资源 | 低：客户端基本不需要实现策略 | 总体流量规模不大（从负载均衡器资源消耗的角度）；应用场景对流量控制要求高 |
| 基于"名字服务 + 客户端策略" | 弱：客户端直接访问服务，没有可靠的卡控点，无法实现精细的流量控制测量 | 低：不需要额外的资源消耗 | 高：客户端需要支持比较复杂的策略，并且涉及升级问题 | 总体流量规模较大；应用场景对流量控制要求低；无法使用有负载均衡器的场景 |

## 3.3　四层负载均衡和七层负载均衡

在传统的硬件网络负载均衡器中，包含了比较综合的功能。从协议的角度，包含了对 TCP、UDP 流量的支持，也包含了对 HTTP、HTTPS 等协议的处理。

而在大多数互联网公司中，普遍使用软件形态的负载均衡器，并且基于所处理的协议将其区分为两种不同的系统。

（1）四层负载均衡，也被称为网络负载均衡，仅用于对 TCP、UDP 流量进行处理。四层负载均衡在转发中主要基于 IP 地址、端口等信息。四层负载均衡的开源软件包括 LVS、DPVS 等。

（2）七层负载均衡，也被称为应用负载均衡，支持 HTTP、HTTPS、SSL（Secure Sockets Layer，安全套接层协议层）、TLS 等协议的处理。七层负载均衡在转发中可以利用应用层的信息，如 HTTP 的请求头，而这些信息对四层负载均衡来说是不可见的。七层负载均衡的开源软件包括 Nginx、BFE、Traefik、Envoy 等。

有一些软件同时支持了四层负载均衡和七层负载均衡，如 Nginx 和 HAProxy。但是在大规模部署场景中，一般会使用专用的四层负载均衡软件，主要原因是四层负载均衡和七层负载均衡这两个场景存在较大差异，适合使用不同的技术栈来实现。

四层负载均衡软件和七层负载均衡软件特点分析如下。

（1）四层负载均衡软件需要很强的处理能力，以达到较高的性价比，并用于抵御来自外网的 DDoS 攻击。第 2 章中介绍的 BGW 软件使用 C 语言并基于 DPDK 技术研发，在单台 x86 服务器上可以处理 50Gb/s 网络流量，每秒可以处理的新建连接超过 100 万个。要获得更高的性能，就需要软件的整体逻辑比较简单，并且没有高资源消耗的功能。同时，因为性能和稳定性方面的高要求，这样的软件其新功能研发的成本也比较高，开发新功能及变更上线的周期比较长。

（2）七层负载均衡软件的功能比较复杂，并且需要不断增加新的功能。七层负载均衡软件可以"看到"应用层的信息，功能的空间比四层负载均衡软件要大很多。由于它更贴近业务，也会不断收到来自业务的需求，需要不断地开发出新的功能特性；由于互联网业务的特性，需要更快的开发和上线速度，七层负载均衡软件对于性能方面的要求比四层负载均衡软件要低，从带宽吞吐方面来说，二者几乎差距一个量级。

图 3.4 中以百度的 BGW 和 BFE 为例，展示了四层负载均衡软件和七层负载均衡软件混合使用的场景。

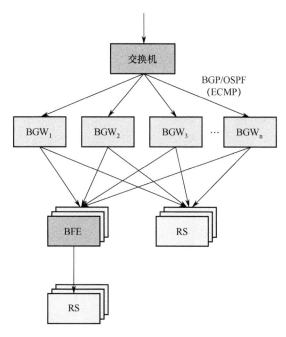

图 3.4　四层负载均衡软件和七层负载均衡软件混合使用的场景

（1）BGW 和交换机的互联。BGW 通过 BGP 或 OSPF（Open Shortest Path First，开放式最短路径优先）路由协议和上游的交换机进行路由交互。交换机使用 ECMP（Equal-Cost Multi-Path routing，等价路由）机制，将流量哈希分发到多个 BGW 实例。

对于某个 VS（Virtual Server，虚拟服务器，由 IP 地址、协议、端口来标识），所有的 BGW 实例都可以接收和处理其流量。通过这种方式，实现了 BGW 的分布式容错，在单个 BGW 实例故障的情况下，BGW 集群仍能继续处理流量转发。

（2）BGW 和下游服务的互联。每个 BGW 实例按照轮询调度（Round Robin）或设定的其他策略，将流量转发给下游的 RS（Real Server，真实服务器）。

（3）BGW 和 BFE 的互联。在使用七层负载均衡的场景中，BGW 把 BFE 当作 RS，将发往某个 VS 的流量转发给下游的 BFE 实例。在 BFE 实例出现故障的情况下，BGW 可以将有故障的 BFE 实例自动摘除。

（4）BFE 和下游服务的互联。每个 BFE 实例按照轮询调度或设定的其他策略，将流量转发给下游的 RS。

BFE 是一个相当复杂的软件系统，而一个高质量的软件首先是设计出来的。

本篇首先介绍 BFE 的设计思想，然后从 BFE 的转发模型、与转发相关的关键机制、运维相关机制、HTTPS 的优化等几方面深入介绍 BFE 的设计细节，其中既包括一些负载均衡软件的设计"要害"，也包括一些通用设计方法。

# 第 4 章

# BFE 的设计思想

本章介绍 BFE 的设计思想，主要内容如下。

（1）为什么要重新设计和实现 BFE 的转发引擎。

（2）BFE 为什么要基于 Go 语言来实现。

（3）BFE 转发引擎中的主要设计考虑。

另外，本章还将介绍 BFE 和相关开源项目的对比情况。

## 4.1 BFE 转发引擎重构的缘起

百度 BFE 平台最早于 2012 年年初上线并使用，那时的转发引擎主要基于一个名为 Transmit 的内部系统，Transmit 基于 C 语言实现，是"多进程+Libevent"的模型。到了 2013 年年底，百度产生了重构转发引擎的想法，主要原因有如下几方面。

（1）平台化的需要。在 BFE 平台上线初期，只有十多个业务线使用它。而到 2013 年年底，已经扩展至几十个业务线了。原有的系统中没有多租户机制，不易做多业务的配置管理。另外，配置的格式是非结构化的，不易使用程序来生成和处理；原来系统的配置热加载机制也比较复杂。

（2）降低网络协议栈的维护成本。Transmit 中的 HTTP 协议栈是百度自研的，我们在使用过程中发现了一些协议一致性方面的细节问题，维护成本较高。另外，在 2013 年年底，百度已经启动了对 HTTPS 的调研，需要在转发引擎上增加对 HTTPS 的支持。网络协议栈是反向代理系统的重要模块。从长期来看，维护完全自研的网络协议栈的成本很高。

（3）状态监控能力欠缺。一个工业级水平的转发系统需要有很强的状态监控能力，Transmit 原有的监控信息较少，而且增加新的监控状态也比较困难。

（4）转发配置的维护难度较高。Transmit 的转发配置主要使用正则表达式来描述。在实践中，我们发现正则表达式存在可维护性方面的问题。

2014 年年初，百度确定基于 Go 语言来重构 BFE 转发引擎，并于 2014 年 4 月开始编写代码，2014 年年底完成开发，2015 年年初 Go 语言版本的转发引擎在百度完成全量上线。

## 4.2　BFE 为什么要基于 Go 语言

我们在 2014 年年初对 BFE 重构做技术选型时，曾经考虑过以下两种技术路线。

（1）基于 Nginx。这是业界普遍使用的方案，绝大多数企业的七层负载均衡是基于 Nginx 搭建的。

（2）基于 Go 语言。回到 2014 年，Go 语言在国内的使用案例还比较少。这么多年来，不断有人问，你们为什么要选用 Go 语言。下面是当时的一些考虑。

a. 研发效率。使用过 C 和 Python 语言的人应该有这样的体会：Python 语言的研发效率远高于 C 语言。我们的一个基本判断是，在未来很多年内，七层负载均衡仍然有很多功能需要开发。Go 语言的研发效率接近 Python 语言，在快速交付功能上具有较大优势。

b. 稳定性。负载均衡对稳定性要求很高，如果负载均衡转发引擎崩溃了，无论数据中心内其他服务的稳定性有多高，用户都无法访问服务。对于使用 C 语言研发的系统来说，内存访问错误占比非常高，部分错误可以直接导致系统崩溃；C 语言对错误缺乏保护机制。而对于 Go 语言来说，内存的回收是由系统负责的，开发者无须关注，这大大降低了问题发生的概率。另外，在 Go 语言中可以使用"异常捕捉恢复"机制来捕捉可能发现的 Panic（Go 语言中的异常）。

c. 安全性。从理论上讲，C 语言编写的程序都具有缓冲区溢出的隐患，而这是很多恶意攻击可以成功的原因之一。Go 语言的内存管理机制让缓冲区溢出方面的安全风险大大降低。

d. 代码可维护性。Go 语言相对于 C 语言，以及 Nginx 中常用的 Lua 语言，代码的可读性和可维护性都更好。另外，在编写高并发程序方面，Go 语言提供了协程机制，可以使用多线程模型来编写程序，不需要设计复杂的状态机，这降低了程序的编写难度。

e. 网络协议栈。对于一个负载均衡软件来说，网络协议栈是重要的考虑因素。BFE 利用了 Go 系统库中成熟稳定的网络协议栈，其背靠 Google 在网络协议栈方面的强大实力。近年来，很多网络协议栈升级都由 Google 发起，如 HTTP/2、QUIC。Go 系统库中也很快提供了对新协议的支持。

从实践来看，我们在 2014 年所做的选择是非常正确的。基于 Go 语言重构的 BFE 引擎及时响应了百度内部业务对七层负载均衡的各种需求，并且长期保持稳定。自 2015 年年初全量上线以来，BFE 引擎从来没有在线上环境中发生过崩溃。

当然，Go 语言也有它的短板，和 Nginx 相比，基于 Go 语言实现的 BFE 引擎性能要差一些。这种性能方面的差距主要来自两方面。

（1）BFE 没有在内存拷贝方面做极致优化。Nginx 在内存拷贝方面做了端到端的极致优化，而内存拷贝是性能消耗的主要来源之一。出于对网络协议栈一致性方面的考虑，BFE 尽量保持 Go 系统库网络协议栈实现的原貌，所以在内存拷贝方面多了一些消耗。

（2）BFE 无法利用 CPU 亲和性（CPU Affinity）。Nginx 可以通过"绑定 CPU"的方式来减少进程切换代理的性能损耗。对于 BFE 来说，开发者只能控制 Go 协程，底层的线程是被系统所控制的，所以无法利用 CPU 亲和性来优化性能。

这里还有一点需要重点说明——Go 语言的 GC（Garbage Collection，垃圾回收）延迟对 BFE 研发的影响。在 2014 年，Go 语言版本为 1.3，GC 延迟的问题非常严重，BFE 的实测效果是：GC 延迟达到了 400ms，完全无法接受。为此，当时我们在 BFE 中引入了多进程轮转的机制，以降低 GC 延迟对于转发流量的影响（详情见第 17 章）。2017 年年初在发布的 Go 1.8 版本中，GC 延迟的问题有了较好的解决，大部分的 GC 延迟都降低到了 1ms 内，可以满足业务的要求。于是在 2017 年，我们从 BFE 中去掉了多进程轮转机制。

## 4.3　BFE 转发引擎的主要设计思想

基于 Go 语言重写 BFE 转发引擎，绝不是仅换了一种编程语言。在新版 BFE 中，我们有以下几方面的设计考虑。

（1）对转发模型做了较大的修改，在引擎中明确引入了租户概念，可以基于主机名（Host Name）来区分租户（在各功能模块的配置中，也引入了对租户的区分）。另外，基于之前所发现的正则表达式的问题，为尽量减少对正则表达式的使用，我们设计了条件表达式机制。

（2）降低动态配置加载的难度。配置的动态加载是负载均衡软件的一个重要需求。除了升级可执行程序的场景，软件应可以持续运行，以保证流量转发的持续性。新版的 BFE 将配置分为"常规配置"和"动态配置"：常规配置仅在程序启动时生效；动态配置可在程序执行过程中动态加载。动态配置统一使用 JSON 格式，兼顾了程序读取和人工阅读的需求。另外，系统提供了统一的动态加载机制，在实现新的模块时可以直接使用。

（3）增强服务状态监控能力。在重构 BFE 时，我们同时编写了前端监控平台（Web-Monitor）框架：每个 BFE 运行实例可以通过独立的 HTTP 服务向外展现内部的执行状态；同时，增加新的内部状态非常简单，只需要一行代码（详情见 7.1 节）。

（4）将大存储功能转移到外部。在原有的实现中，类似"词典查找"这样的功能也包含在 BFE 内部。这样的模块在启动时，需要使用较长的时间来加载词典数据，不利于 BFE 程序快速启动。而 BFE 程序的快速启动能力，对于系统的稳定性至关重要。在发生故障的时候，一个需要几分钟才能启动的程序，其故障的恢复时间要长得多。为此，在重构 BFE 时，将词典查找功能改写为独立的词典服务，由 BFE 远程调用，这保证了 BFE 可以在数秒内完成重启，如图 4.1 所示。

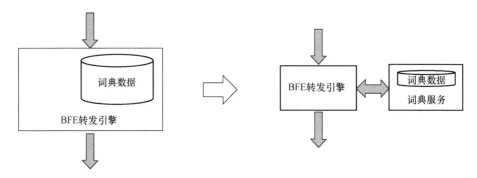

图 4.1　BFE 设计中将大存储功能转移到外部

以上这些内容将在后续章节中给出详细说明。

## 4.4　BFE 和相关开源项目的对比

本节将 BFE 和一些相关开源项目（Nginx/Envoy/Traefik）进行了对比。对比角度包括以下几方面。

（1）开源项目定位。

（2）系统所提供的功能。

（3）系统所提供的扩展开发能力。

（4）系统的可运维性。

需要说明的是，由于这些项目都在活跃开发中，书中信息可能过期或有误，读者可通过这些开源项目的官方网站查看最新信息。

**1．开源项目定位**

在各开源项目的官网上对它们的定位描述如下。

（1）BFE: BFE 是一个开源的七层负载均衡系统。

（2）Nginx: Nginx 是 HTTP 服务、反向代理服务、邮件代理服务和通用 TCP/UDP 代理服务。

（3）Envoy: Envoy 是开源的边缘和服务代理，为云原生应用而设计。

（4）Traefik: Traefik 是先进的 HTTP 反向代理和负载均衡。

**2．功能对比**

下面从系统功能的角度对几个开源项目进行对比。

（1）协议支持。这四个系统都支持 HTTPS 和 HTTP/2，并计划或正在实现对 HTTP/3 的支持。

（2）健康检查。

a. BFE 和 Nginx 只支持"被动"模式的健康检查（Nginx 商业版支持"主动"模式的健康检查）。

b. Envoy 支持主动、被动和混合模式的健康检查。

c. Traefik 只支持"主动"模式的健康检查。

（3）实例级别负载均衡。这四个系统都支持实例级别负载均衡。

（4）集群级别负载均衡。

a. BFE、Envoy、Traefik 都支持集群级别负载均衡。

b. Nginx 不支持集群级别负载均衡。

注意，Envoy 基于全局及分布式负载均衡策略。

（5）对于转发规则的描述方式。

a. BFE 基于条件表达式。

b. Nginx 基于正则表达式。

c. Envoy 支持基于域名、Path 及 Header 的转发规则。

d. Traefik 支持基于请求内容的分流。

### 3. 扩展开发能力

七层负载均衡有较多的定制扩展开发需求。下面从系统扩展开发能力的角度对几个开源项目进行对比。

（1）使用的编程语言。

a. BFE 和 Traefik 都基于 Go 语言开发。

b. Nginx 使用 C 语言和 Lua 语言开发。

c. Envoy 使用 C++语言开发。

（2）可插拔架构。这四个系统都使用了可插拔架构。

（3）新功能开发成本。由于各编程语言的差异，BFE 和 Traefik 的开发成本较低，Nginx 和 Envoy 的开发成本较高。

（4）异常处理能力。由于各编程语言的差异，BFE 和 Traefik 可以对异常（在 Go 语言中被称为 Panic）进行捕获处理，从而避免程序的异常结束；而 Nginx 和 Envoy 无法对内存等方面的错误进行捕获，这些错误很容易导致程序崩溃。

### 4．可运维性

可运维性对于系统在正式生产环境中的使用非常重要，下面从系统可运维性的角度对几个开源项目进行对比。

（1）内部状态展示。

a．BFE 对程序内部状态提供了丰富的展示。

b．Nginx 和 Traefik 提供的内部状态信息较少。

c．Envoy 也提供了丰富的内部状态展示。

（2）配置热加载。

a．四个系统都提供了配置热加载功能。

b．Nginx 配置生效须重启进程，并中断活跃长连接。

注意，Nginx 商业版支持动态配置，在不重启进程的情况下热加载的配置可以生效。

# 第 5 章

# BFE 的转发模型

对于一个七层负载均衡软件来说，转发模型是其核心。本章首先对 BFE 的转发模型做概要介绍，然后会详细介绍 BFE 的路由转发机制、条件表达式和内网流量调度机制。

## 5.1 转发模型概述

本节将对 BFE 的转发模型做概要介绍，主要内容如下。

（1）BFE 转发中涉及的基本概念。

（2）BFE 的转发过程。

（3）对多租户实现机制的讨论。

### 5.1.1 基本概念

在 BFE 中，有以下基本概念。

（1）租户（Tenant）。使用 BFE 转发的业务可以以"租户"为单位来区分。BFE 引擎中的配置，比如转发策略、各扩展模块的配置等，都是以租户为单位来区分的。

出于历史原因，在 BFE 中，租户也被称为"产品线"。

（2）集群（Cluster）。具有同类功能的后端被定义为一个集群。对于一个租户，可以定义多个集群。在某些场景中，集群也被称为服务（Service）。在一个租户内，可以使用租户的路由转发表将流量转发给合适的集群。详细机制可参见 5.2 节的介绍。

（3）子集群（Sub Cluster）。在多数据中心场景下，集群可以被划分为多个子集群。通常，可以将集群中处于同一 IDC（Internet Data Center，互联网数据中心）的后端定义为一个子集群。在某些场景下，子集群也被称为实例组（Instance Group）。子集群概念的引入，主要是为了处理多数据中心场景下的流量调度。详细机制可以参见 5.4 节的介绍。

（4）实例（Instance）。每个子集群可包含多个后端服务实例（Instance），每个后端服务实例通过"IP 地址 + 端口号"标识。

图 5.1 中用一个例子对以上概念之间的关系做出了说明，其中包含 2 个租户。租户 1 配置了 2 个集群（集群 A 和集群 B），这 2 个集群分别有 2 个子集群和 1 个子集群，各子集群又各有 1~3 个实例；租户 2 只配置了一个集群（集群 C），集群 C 有 2 个子集群，2 个子集群又各有 2 个实例。

## 5.1.2　转发过程

本节介绍 BFE 的转发过程，如图 5.2 所示，图中是一个多数据中心场景，包含 3 个数据中心（IDC 1、IDC 2 和 IDC 3），这 3 个数据中心各有一个外网出口，它们可能在临近区域内（一般被称为 Region），也可能不在同一地域内。

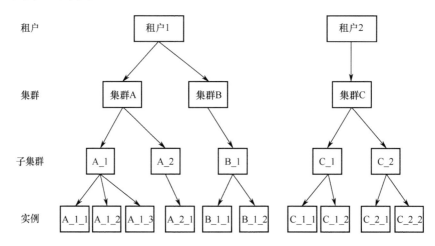

图 5.1　租户、集群、子集群和实例间的关系

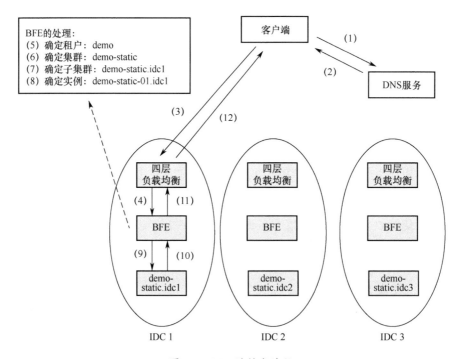

图 5.2　BFE 的转发过程

每个数据中心内都部署了四层负载均衡集群，也部署了基于 BFE 的七层负载均衡集群。在一般的部署场景下，BFE 都作为四层负载均衡的 RS 存在。在一个 BFE 集群中，一般会包含 2 个以上 BFE 运行实例，并位于不同的服务器上。在某个 BFE 实例出现故障（由于服务器硬件、操作系统或 BFE 自身的问题）的情况下，四层负载均衡系统可以自动摘除有问题的实例，从而实现高可用（High Availability，HA）。

我们假设这里有一个提供静态页面访问的服务，被命名为 demo-static。这个服务在 3 个数据中心上都有部署，并且被组织为 3 个独立的子集群（demo-static.idc1 ~ demo-static.idc3）。demo-static 使用 demo.example.com 域名来对外提供服务。给 3 个数据中心各分配一个外网 IP，假设分别为 6.6.6.6、7.7.7.7 和 8.8.8.8（注意，域名和 IP 地址都是虚构的，仅用于说明 BFE 的运行机制）。

客户端要访问 demo-static 服务，首先要进行域名解析，将域名解析为合适的 IP 地址。在图 5.2 的步骤 1 和步骤 2 中，根据客户端的来源地，DNS 服务返回 IP 地址为 6.6.6.6。

之后，客户端向 6.6.6.6 地址的 80 端口发起建立 TCP 连接的请求。为了使案例简单，这里假设客户端和服务端使用普通 HTTP 交互，而没有使用 HTTPS 协议。通过四层负载均衡系统的代理，最终客户端和 BFE 集群中的某个 BFE 实例建立起 TCP 连接。在一个 TCP 连接内，可以发送一个或多个 HTTP 请求。一个连接内发送 HTTP 请求的数量，被称为连接复用率。在 HTTP/2 出现之前，一般场景下的连接复用率为 2 ~ 3，也就是说，一个 TCP 连接发送 2 ~ 3 个 HTTP 请求后就关闭了。在 HTTP/2 出现后，连接的复用率有了较大提高。

在 HTTP 请求到达 BFE 后，图 5.2 中的步骤 5 至步骤 8 是 BFE 处理的关键步骤。

步骤 5：确定 HTTP 请求所属的租户。多租户支持是 BFE 根据云场景所设计并提供的能力。目前 BFE 可以根据 HTTP 请求头中的 Host 字段或 HTTP 请求的目标 IP 地址来确定租户。在本案例中，针对 HTTP 请求头中的 demo.example.com 域名，BFE 找到了对应的租户为 demo。

步骤 6：根据租户的分流规则，决定 HTTP 请求的目的集群。对于每个租户，可以配置一张独立的路由转发表。通过查找路由转发表，确定请求所属的目的集群。路由转发机制的详情将在后面的章节中介绍。在本案例中，通过查表确定对应的目的集群为 demo-static。

步骤 7：根据集群的内网流量调度策略，选择合适的子集群。对于每个 BFE 集群，可以针对其各子集群设置转发权重。BFE 根据设置的转发权重来执行转发操作。内网流量调度机制将在后面的章节中详细介绍。在本案例中，假设在 IDC 1 的 BFE 集群上，demo-static 的 3 个子集群对应的转发权重为（100, 0, 0），那么可确定转发的目标子集群为 demo-static.idc1。

步骤 8：根据集群的子集群负载均衡策略，选择合适的实例。对于每个集群，可以设置子集群的负载均衡策略，如 WRR（Weighted Round Robin，加权轮询）、WLC（Weighted Least Connection，加权最小连接数）等。BFE 根据子集群的负载均衡策略，在子集群中选择合适的服务实例来处理请求。在本案例中，最终选择 demo-static-01.idc1 来处理请求。

随后，请求被发往后端实例 demo-static-01.idc1（步骤 9）。BFE 收到后端实例的响应（步骤 10），通过四层负载均衡系统将响应返回给用户（步骤 11、步骤 12）。

## 5.1.3　对多租户实现机制的讨论

"多租户支持"是云计算系统的重要需求。在七层负载均衡转发服务的多租户实现机制上，有以下两种可能性。

（1）使用隔离的转发资源。这是很多公司常用的方式。对于不同的业务，搭建独立的七层负载均衡转发集群，其好处主要是可以避免业务间互相干扰，但是也会导致资源忙闲不均。另外，每个独立的转发集群规模都不大，它们抵御突发流量或攻击流量的能力都不足。

（2）使用公用的转发资源。这是百度内部采用的方式。BFE 平台是一个支持多租户的平台，上千个租户混用同一组转发资源。公用的 BFE 转发集群具有足够的容量来抵御突发流量或攻击流量。这种方式要求转发引擎本身支持多租户，从而对多个租户间的配置进行隔离；另外，也要求配合提供平台化的能力，可支持多个租户同时发起配置的变更请求。

一个常见的问题是，在使用公用的转发资源的情况下，如何解决转发资源的冲突问题。在某些情况下，可能会由于一个业务的突发流量，对共享资源的其他业务产生干扰。在共享资源的模式下，这种情况肯定是无法完全避免的。对比网络中传统 QoS（Quality of Service，服务质量）问题的解决方案，这里有两种解决思路：对业务使用资源增加复杂的控制机制；不做复杂的控制机制，而靠提供足够多的资源来解决问题。从以往的历史经验看，在互联网的技术发展过程中，第二种思路取得了胜利。在七层负载均衡转发场景下，使用复杂的控制机制必然导致额外的资源消耗，我们选用的机制是不使用复杂的控制机制，而是提供足够多的共享资源。如果真的某个业务具有特别大的流量，则可以通过在四层负载均衡上对业务对应的虚拟服务器进行限速来解决。

## 5.2　BFE 的路由转发机制

在 BFE 的转发过程中，在确定请求所属的租户后，要根据 HTTP 报头的内容进一步确定处理该请求的目标集群。在 BFE 内，为每个租户维护一张独立的转发表，对于每个属于该租户的请求，通过查询转发表获得目标集群。

转发表由多条转发规则组成。在查询转发表时，对多条转发规则以顺序方式查找；只要命中任何一条转发规则，就会结束退出，其中最后一条规则为默认规则。在所有转发规则都没有命中的时候，执行默认规则。

每条转发规则包含两部分：匹配条件和目标集群。其中匹配条件使用 BFE 自研的条件表达式来表述，条件表达式将在 5.3 节中详细介绍。

图 5.3 展示了一个转发表的例子。在这个例子中，包含以下 3 种服务集群。

（1）静态集群（demo-static）：服务静态流量。

（2）post 集群（demo-post）：服务 post 流量。

（3）main 集群（demo-main）：服务其他流量。

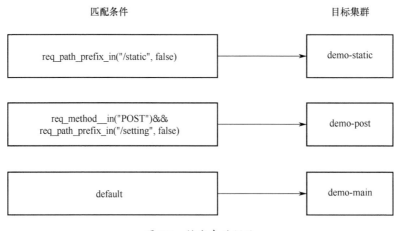

图 5.3　转发表的例子

期望的转发逻辑如下：

（1）对于 Path 以/static 为前缀的，都发往 demo-static 集群。

（2）请求方法为 POST 且 Path 以/setting 为前缀的，都发往 demo post 集群。

（3）其他请求都发往 demo-main 集群。

在转发表中，使用条件表达式来描述以上转发条件。

## 5.3　条件表达式

条件表达式是 BFE 路由转发的核心机制，本节将对条件表达式的设计思想和机制进行介绍。更多关于条件表达式的内容，可以查看 BFE 官网中关于条件表达式的说明。

### 5.3.1　设计思想

在使用 Go 语言重构 BFE 转发引擎之前，BFE 使用正则表达式来描述转发的条件。在实践中，我们发现正则表达式存在以下两个严重问题。

（1）配置难以维护。正则表达式存在严重的可读性问题。用正则表达式编写的转发条件很难看懂，且容易存在二义性。我们经常发现，对于由一个人编写的分流条件，其他人很难接手继续维护。

（2）性能存在隐患。对于编写不当的正则表达式，在特定的流量特征下可能会出现严重的性能退化。在线上曾经发生过这样的情况：原本每秒可以处理几千个请求的服务，由于增加了一个正则表达式描述，其性能下降到每秒只能处理几十个请求。

针对正则表达式存在的问题，在重构 BFE 转发引擎时设计了条件表达式。条件表达式的设计中引用了以下思想。

（1）在表述中明确指定所使用的 HTTP 请求字段，以此提升可读性。例如，从 req_path_prefix_in()可以立刻看出其针对请求中的 Path 部分进行前缀匹配；从 req_method_in()可以看出其针对请求的 method 字段进行匹配。

（2）控制计算的复杂度，降低性能退化的风险。条件表达式主要使用精确匹配、前缀匹配、后缀匹配等计算方式，这些计算方式的计算复杂度都较低。

## 5.3.2　基本概念

### 1. 条件原语

条件原语（Condition Primitive）是基本的内置条件判断单元，通过执行某种比较来判断是否满足条件。条件原语是判断的最小单元，按照请求、响应、会话、系统等几个分类建立了几十种条件原语，同时，也可以根据需求，增加新的条件原语。

条件原语的例子如下：

```
// 如果请求host是"bfe-networks.com"或"bfe-networks.org"，返回true
req_host_in("bfe-networks.com|bfe-networks.org")
```

### 2. 条件表达式

条件表达式（Condition Expression）是多种条件原语与操作符（例如与、或、非）的组合。

条件表达式的例子如下：

```
// 如果请求域名是"bfe-networks.com"且请求方法是"GET"，返回 true
req_host_in("bfe-networks.com") && req_method_in("GET")
```

### 3. 条件变量

可以将条件表达式赋值给一个变量，这个变量被称为条件变量（Condition Variable）。

条件变量的例子如下：

```
// 将条件表达式赋值给变量 bfe_host
bfe_host = req_host_in("bfe-networks.com")
```

### 4. 高级条件表达式

高级条件表达式（Advanced Condition Expression）是多种条件原语、条件变量及操作符（例如与、或、非）的组合。在高级条件表达式中，条件变量以 "$" 前缀作为标识。

条件变量和高级条件表达式的引入，是为了便于条件表达式逻辑的复用。

高级条件表达式的例子如下：

```
// 如果变量 bfe_host 为 true 且请求方法是"GET"，返回 true
$bfe_host && req_method_in("GET")
```

## 5.3.3　语法介绍

### 1. 条件原语的语法

条件原语的形式如下：

```
func_name(params)
```

其中：

（1）func_name 是条件原语名称。

（2）params 是条件原语的参数，可能有 0 个或多个参数。

（3）返回值类型是 bool（布尔类型）。

### 2．条件表达式的语法

条件表达式的语法定义如下：

```
ACE = ACE && ACE
    | ACE || ACE
    | ( ACE )
    | ! ACE
    | ConditionPrimitive
    | ConditionVariable
```

### 3．操作符优先级

条件表达式中操作符的优先级和结合律与 C 语言中的规则类似。表 5.1 列出了所有操作符的优先级顺序和结合律情况，操作符从上至下按优先级降序排列。

表 5.1　条件表达式中操作符的优先级顺序和结合律情况

| 优 先 级 | 操 作 符 | 含　　义 | 结 合 律 |
| --- | --- | --- | --- |
| 1 | () | 括号 | 从左至右 |
| 2 | ! | 逻辑非 | 从右至左 |
| 3 | && | 逻辑与 | 从左至右 |
| 4 | \|\| | 逻辑或 | 从左至右 |

## 5.3.4　条件原语匹配的内容

条件原语可以对请求、响应、会话及请求上下文中的内容进行匹配。

每种条件原语都会对某种内容进行有针对性的精确匹配。这样的方式提升了转发配置的描述准确性，也增强了可读性和可维护性。

条件原语匹配的内容包括如下几个。

（1）**cip**：client IP，客户端地址，如 req_cip_range(start_ip, end_ip)。

（2）**vip**：virtual IP，服务端虚拟 IP 地址，如 req_vip_in(vip_list)。

（3）**Cookie**：HTTP 头部所携带的 Cookie。对一个 Cookie，包含 key（键）和 value（值）两部分，如 req_cookie_key_in(key_list)、req_cookie_value_in(key, value_list, case_insensitive)。

（4）**Header**：准确地说，应该是 HTTP 头部字段（HTTP Header Field）。对一个 HTTP 头部字段，包含 key 和 value 两部分，如 req_header_key_in(key_list)、req_header_value_in(header_name, value_list, case_insensitive)。

（5）**method**：HTTP 方法。HTTP 方法包括 GET、POST、PUT、DELETE 等。如 req_method_in(method_list)。

（6）**URL**：Uniform Resource Locator，统一资源定位符。如 req_url_regmatch(reg_exp)。

对于 URL，其详细格式为：

```
scheme:[//authority]path[?query][#fragment]
```

其中，authority 的格式为：

```
[userinfo@]host[:port]
```

针对 URL，可以进一步匹配如下内容。

（7）**Host**：主机名，如 req_host_in(host_list)。

（8）**port**：端口，如 req_port_in(port_list)。

（9）**Path**：路径，如 req _path_in(path_list, case_insensitive)。

（10）**Query**：查询字符串。对 个查询字符串，包含 kcy 和 value 两部分。如 req _query_key_in(key_list)、req _query_value_in(key, value_list, case_insensitive)。

## 5.3.5　条件原语名称的规范

目前在 BFE 开源项目中，已经包含了 40 多种条件原语。条件原语的名称会遵循一定的规范，以便于分类和阅读。

可以通过 BFE 官网查看 BFE 项目所支持的条件原语的列表。

### 1. 条件原语名称前缀

（1）针对 Request 的原语，会以 **req_** 开头，如 req_host_in()。

（2）针对 Response 的原语，会以 **res_** 开头，如 res_code_in()。

（3）针对 Session 的原语，会以 **ses_** 开头，如 ses_vip_in()。

（4）针对系统原语，会以 **bfe_** 开头，如 bfe_time_range()。

### 2. 条件原语中比较的动作名称

（1）**match**：精确匹配，如 req _tag_match()。

（2）**in**：值是否在某个集合中，如 req _host_in()。

（3）**prefix_in**：值的前缀是否在某个集合中，如 req _path_prefix_in()。

（4）**suffix_in**：值的后缀是否在某个集合中，如 req _path_suffix_in()。

（5）**key_exist**：是否存在指定的 key，如 req _query_key_exist()。

（6）**value_in**：对给定的 key，其 value 是否落在某个集合中，如 req_header_value_in()。

（7）**value_prefix_in**：对给定的 key，其 value 的前缀是否在某个集合中，如 req_header_value_prefix_in()。

（8）**value_suffix_in**：对给定的 key，其 value 的后缀是否在某个集合中，如 req_header_value_suffix_in()。

（9）**range**：范围匹配，如 req_cip_range()。

（10）**regmatch**：正则匹配，如 req_url_regmatch()。注意，如果不能合理使用这类条件原语，则会明显影响性能，使用时要谨慎。

（11）**contain**：字符串包含匹配，如 req_cookie_value_contain()。

# 5.4　内网流量调度机制

内网流量调度是 BFE 的重要功能，非常适用于多数据中心的复杂场景。本节将介绍以下内容。

（1）内网流量调度背景介绍。

（2）内网流量调度工作机制。

（3）内网转发的其他机制。

## 5.4.1　内网流量调度背景介绍

在介绍内网流量调度工作机制之前，首先对其背景进行介绍。内网流量调度是百度全局流量调度解决方案的一部分，本节先对百度全局流量调度解决方案进行介绍，然后介绍和内网流量调度配合使用的外网流量调度，最后解释为什么除外网流量调度外还要引入内网流量调度。

### 1. 全局流量调度解决方案

经过多年建设，对于由 IDC 服务的业务流量，百度形成了两层的全局流量调度系统，如图 5.4 所示。

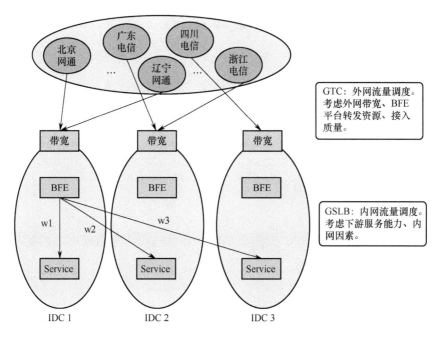

图 5.4　百度全局流量调度系统

（1）GTC，负责外网流量调度。基于 DNS 生效，将各运营商分布在各省的用户流量引导到合适的网络入口。在调度计算中，GTC 要考虑外网带宽（容量和使用情况）、BFE 平台转发资源（容量和使用情况）、用户到各带宽出口的接入质量（连通性和访问延迟）等因素。

（2）GSLB，负责内网流量调度。基于 BFE 生效，将到达各 BFE 集群的流量，按照权重转发到位于各数据中心的子集群。

### 2．外网流量调度

GTC 负责在各网络入口间进行流量调度，其工作原理如图 5.5 所示。GTC 包括以下 3 个主要步骤。

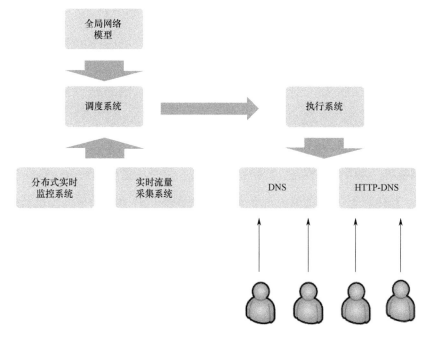

图 5.5　GTC 工作原理

（1）实时监控。由位于各地的监控节点持续向各外网接入点发送探测信号，并对各地与接入点之间的连通性和质量进行监控。如果发现异常，分布式的实时监控系统会在 1min 内将故障信号上报给调度系统。

（2）调度计算。实时流量采集系统从路由器获取实时的带宽使用情况，从七层负载均衡系统获取实时的每秒请求情况。调度系统根据实时流量数据和实时监控情况，配合全局网络模型，在 1min 内计算出新的调度方案。

（3）下发执行。调度系统将调度方案下发给 DNS 和 HTTPDNS 执行。由于 DNS 缓存的因素，客户端的生效需要一定的时间。在百度，大部分域名的 DNS TTL（Time To Live，生存时间）被设置为 300s（即 5min）。一般在下发后，要经过 8～10min 才能完成 90%以上用户的生效。

和前一代外网调度系统相比，GTC 有以下两方面的提升。

（1）加快了外网故障处理速度。通过"实时监控+自动调度计算"，从故障发生到启动 DNS 下发，时间压缩至 2min 以内。

（2）降低了配置维护成本。不需要针对域名维护复杂的预案。

业内很多类似系统均采用预案机制，例如，如果存在 A 和 B 两个备选的外网 IP，预案会这样写：如果 A 出问题，就把流量切换到 B；如果 B 出问题，就把流量切换到 A。对于每个直接分配了 IP 地址的域名（也就是写为 A 记录的域名），都需要准备这样一个预案。

预案机制的最大问题是维护成本很高。首先，维护成本和外网出口的数量成指数关系。如果有 2 个出口，预案则非常简单；如果有 5 个甚至 10 个出口，预案则是非常不好写的，需要考虑各种可能性。另外，维护成本和域名的数量呈线性关系。假设有几千个域名，这时如果要对带宽出口进行调整（增加或删除一个出口），那么工作量会很惊人。

外网流量调度主要适用于以下场景。

（1）网络入口故障，是指由于网络入口本地或运营商网络的故障，导致用户无法访问网络入口。

（2）网络入口由于攻击导致拥塞。大规模的 DDoS 攻击可以达到数百 G，甚至达到 T 级别，直接将网络入口的入向带宽打满。

（3）网络接入系统故障，如四层负载均衡系统或七层负载均衡系统的故障。

（4）分省连通性故障。这类故障是指，虽然从总体上看网络入口可以访问，但是某个运营商负责的某个地区的网络则无法访问。这部分是由于用户所在地区出现网络局部异常，也可能是由于服务所使用的 IP 在局部地区被误封。

### 3. 为什么需要引入内网流量调度

在多数据中心的场景下，如果没有内网流量调度机制，当一个数据中心内的服务发生故障时，则只能通过改变域名对应的 IP 地址将流量调度到另一个数据中心，如图 5.6 所示。如上所述，在改变权威 DNS 的配置后，需要 8～10min 才能完成 90%以上用户的生效。在完成切换之前，原来由故障 IDC 所服务的用户都无法使用服务，而且运营商的 Local DNS 数量很多，可能存在有故障或不遵循 DNS TTL 的 Local DNS，从而导致对应的用户使用更长的时间完成切换，甚至一直都不切换。

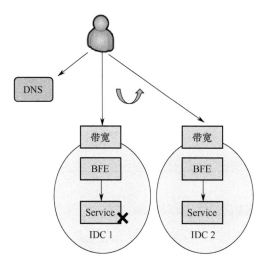

图 5.6　使用外网 DNS 处理服务故障

在引入内网流量调度机制后，可以通过修改 BFE 的配置将流量从有故障的服务集群切走，如图 5.7 所示。在百度内部，配合自动的内网流量调度计算模块，在感知故障后，流量的调度可在 30s 内完成。和完全依赖外网流量调度机制相比，故障止损时间大幅缩短，从 8 ~ 10min 缩短至 30s 内。而且，由于执行调度的 BFE 集群都在内部，内网流量调度的可控性也比基于 DNS 的外网流量调度要好得多。

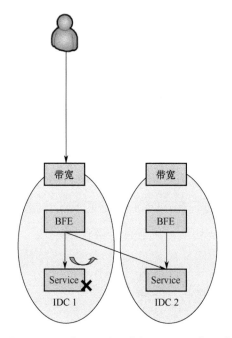

图 5.7 使用内网流量调度机制处理服务故障

## 5.4.2 内网流量调度工作机制

本节介绍内网流量调度工作机制。首先，介绍内网流量调度的基本工作原理；然后介绍内网"自动"流量调度，这也是将自动化用于网络接入场景的一个案例；最后，通过一个示例场景来进一步说明内网流量调度。

### 1. 基本工作原理

内网流量调度的工作原理如图 5.8 所示，其基本原理非常简单。在每个
BFE 集群中，针对一个服务集群的每个后端子集群分配一组权重。在流量
转发时，BFE 按照这个权重来决定请求的目标子集群。

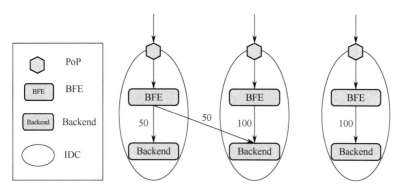

图 5.8　内网流量调度的工作原理

另外，对每个服务集群，还包含一个虚拟的子集群，被称为 Blackhole
（黑洞）。在黑洞子集群对应的权重不为 0 的情况下，分给黑洞子集群的流
量会被 BFE 主动丢弃。在到达 BFE 的流量超过服务集群总体容量的情况
下，可以启用黑洞子集群来防止服务集群的整体过载。

内网流量调度适用于和内部服务相关的场景，具体场景分析如下。

（1）内部服务故障。在某些场景（如服务的灰度发布）下，单个服务
子集群可能出现故障，从而导致服务容量下降甚至完全无法提供服务，这
时可以通过内网流量调度快速完成止损处理。

（2）内部服务压力不均。具体包括以下两种可能场景。

场景 1：如图 5.9 所示，某个地区的用户流量突增，导致单个数据中心
内的子集群服务压力超过容量，这时可以将部分流量调度到其他子集群来
服务。

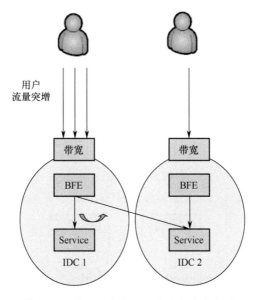

图 5.9　场景 1：某个地区的用户流量突增

场景 2：如图 5.10 所示，由于外网故障处理，外网将部分流量从一个网络入口调度到另一个网络入口，导致相关子集群压力超过容量，这时也可以将部分流量调度到其他子集群来服务。

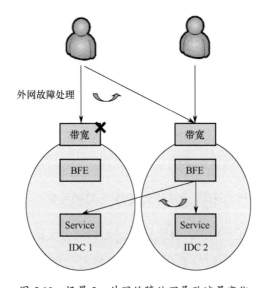

图 5.10　场景 2：外网故障处理导致流量变化

### 2.内网"自动"流量调度

内网流量调度的权重可以手工设置，但实际上这个权重不应该是固定的，而应随着用户流量、服务集群的容量及机房间的连通性情况等因素的变化而调整。为此，在百度内实现了一个内网流量的调度器，用于对分流的权重比例进行计算。

以下是内网流量调度总体机制的具体介绍。

（1）流量采集。基于 BFE 的访问日志，实时获取到达各 BFE 集群的各服务的流量。

（2）权重计算。根据流量、各服务集群的容量、各数据中心网络连通性/距离等因素，计算各 BFE 集群向各服务集群的分流权重，如图 5.11 所示。

（3）下发执行。由各 BFE 集群按照分流权重执行转发。

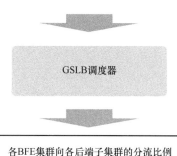

- 流量T1、T2、T3…
- 容量C1、C2、C3…
- 机房间距离

GSLB调度器

各BFE集群向各后端子集群的分流比例
$\{w(i,j)\}$

图 5.11　GSLB 调度器的输入和输出

目前在 BFE 开源项目中，仅支持内网流量调度权重的手工设置，未包含内网"自动"流量调度的相关模块。

### 3. 示例场景

示例场景如图 5.12 所示，其中包含两个 IDC（IDC 1 和 IDC 2）、两个 BFE 集群（BFE_1 和 BFE_2），同时后端集群有两个子集群（SubCluster_1 和 SubCluster_2）。另外，还有一个虚拟的黑洞集群，用于主动丢弃流量。

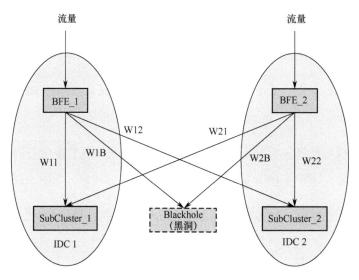

图 5.12　内网流量调度示例场景

针对 BFE 集群，可以设置子集群的分流比例，举例如下。

（1）BFE_1 集群的分流配置为

{SubCluster_1: W11，SubCluster_2: W12, Blackhole: W1B}

（2）BFE_2 集群的分流配置为

{SubCluster_1: W21，SubCluster_2: W22, Blackhole: W2B}

BFE 实例根据上述配置做 WRR 调度，向子集群转发请求。例如，当 BFE_1 的分流配置 {W11, W12, W1B} 为 {45, 45, 10} 时，BFE_1 转发给 SubCluster_1、SubCluster_2、Blackhole 的流量比例依次为 45%、45%、10%。

通过修改上述配置，可以将流量在不同子集群之间切换，实现负载均衡、快速止损和过载保护等目的。

## 5.4.3　内网转发的其他机制

本节介绍内网转发中涉及的其他机制，包括失败重试机制、连接池和会话保持。

### 1．失败重试机制

BFE 在转发时支持以下两种失败重试机制，如图 5.13 所示。

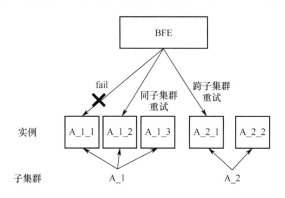

图 5.13　BFE 失败重试机制

（1）同子集群重试。在一次转发失败后，选择原目标子集群内的其他服务实例进行重试。同子集群内重试的最大次数可以通过配置集群的参数**同子集群重试次数**来控制。

（2）跨子集群重试。在转发失败后，在原目标子集群之外，使用另一个子集群进行重试。跨子集群重试的最大次数可以通过配置集群的参数**跨子集群重试次数**来控制。

在转发失败后，BFE 会首先尝试同子集群重试（如果同子集群重试次数大于 0），然后尝试跨子集群重试（如果跨子集群重试次数大于 0）。

启用跨了集群重试功能时要非常小心，因为这个功能在某些场景下可能会将过量的流量转移到其他健康的集群中，从而导致这些集群的压力过大，甚至被压垮。和上面"内网'自动'流量调度"中按照权重将流量转发到各子集群中的机制不同，跨子集群重试所引发的流量压力有一定的不可控性。

BFE 并不会在所有请求失败的情况下都进行重试。如果 BFE 感知到下游实例已经读取了请求（即使没有完整读取），那么它也不会再去重试。在这种情况下，BFE 无法确认下游实例是否已经处理了请求，如果再次发送则可能导致状态错误，所以采取了比较保守的策略。

### 2. 连接池

BFE 和下游实例的连接支持两种方式。

（1）短连接方式。BFE 在每次向下游实例转发请求时，均需要建立新的 TCP 连接。

（2）连接池方式。BFE 为每个下游实例维护一个连接池。

a. 当 BFE 需要向某个下游实例转发请求时，如果连接池中有 idle（空闲）连接，则复用这个连接；如果连接池中没有 idle 连接，则会建立一个新的 TCP 连接。

b. 当 BFE 处理完一个请求时，如果连接池中的 idle 连接数量小于连接池的大小，则将当前使用的连接放入连接池；如果连接池中的 idle 连接数量大于或等于连接池的大小，则关闭当前使用的连接。

使用连接池的方式，可以避免新建 TCP 连接所导致的延迟，从而降低总转发延迟。由于 BFE 需要对每个下游实例都保持长连接，在某些情况

（如 BFE 的实例数较大）下，可能导致下游实例的并发连接数较多。在使用连接池和设置连接池的参数时，需要结合以上因素综合考虑。

### 3．会话保持

BFE 向下游转发请求时，支持将相同来源请求转发至固定的业务后端（某个子集群或某个实例），这个功能被称为会话保持。

在执行会话保持时，BFE 可以基于以下请求来源进行标识。

（1）请求来源 IP。

（2）请求特定头部，例如请求 Cookie 等。

BFE 支持以下两种会话保持级别。

（1）子集群级别。相同来源的请求被转发至固定的业务子集群（注意，这里是指子集群中的任意实例）。

（2）实例级别。相同来源的请求被转发至固定的业务实例。

# 第 6 章

# 与转发相关的关键机制

本章介绍与转发相关的几个关键机制，具体包括以下 4 方面。

（1）健康检查机制。

（2）超时设置。

（3）BFE 信息透传。

（4）限流机制。

## 6.1　健康检查机制

健康检查机制（以下简称健康检查）是负载均衡中的重要机制，对负载均衡的正常转发有着重要的影响。和传统的硬件负载均衡器相比，分布式的负载均衡软件在健康检查方面会面临一些新问题。结合 BFE 研发经验，本节将从以下两方面对健康检查进行介绍。

（1）主动健康检查和被动健康检查的对比。

（2）集中式健康检查和分布式健康检查的对比。

## 6.1.1　健康检查的原理

负载均衡系统会维护一个 RS 的状态表，用于保存每个 RS 的健康状态，如图 6.1 所示。在转发流量时，负载均衡系统只会将流量转发给健康状态为"正常"的RS。

为了获得 RS 的健康状态，负载均衡系统会定期向 RS 发送探测请求，并根据收到响应的情况来修改对应的 RS 状态表。

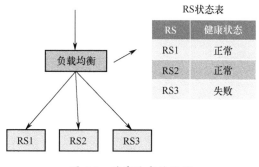

图 6.1　健康检查的原理

## 6.1.2　主动健康检查和被动健康检查

主动健康检查是负载均衡中所使用的传统机制。在分布式的场景下，主动健康检查会出现一些问题。下面将从主动健康检查的介绍引出被动健康检查，然后介绍如何将两种机制结合起来使用。

### 1．主动健康检查

**主动健康检查**可以简要描述如下。

（1）负载均衡系统**持续**向 RS 发送探测请求。

（2）在 RS 为"正常"的状态下，如果连续探测失败次数达到一定的阈值，则将 RS 的健康状态变为"失败"。

（3）在 RS 为"失败"的状态下，如果连续探测成功次数达到一定的阈值，则将 RS 的健康状态变为"正常"。

主动健康检查中 RS 的状态变化可以用一个简单的有限状态机来描述，如图 6.2 所示。

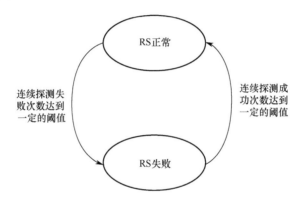

图 6.2　主动健康检查的有限状态机

对于健康检查来说，一个重要指标是"响应时间"，即在 RS 的状态发生改变后，经过多长时间负载均衡系统才能感知到变化。如果不能及时感知到 RS 的失败，可能会导致将请求发送到失败的 RS 节点上，从而导致服务失败；如果不能及时感知到 RS 的恢复，可能会使其他正常的 RS 节点压力过大。

对于主动健康检查来说，缩短响应时间的方法是，提高发送探测请求的频率。但这个方案也是有代价的，一方面，它会增大负载均衡系统发送探测请求的压力；另一方面，也会增大 RS 的压力。尤其是第二个问题，在软件负载均衡场景下，会变得更为突出。

### 2．被动健康检查

2.4 节提到，网络前端接入系统软件化是重要的发展趋势。软件负载均衡的一个重要特征是，支持负载均衡节点的大规模横向扩展部署。在传统硬件负载均衡场景下，最常见的是"主+备"的部署模式，RS 的上游一般有两个负载均衡节点。而在软件负载均衡场景下，一个负载均衡集群可能由几十个节点构成，尤其对于七层负载均衡场景来说，单个负载均衡节点的容量较小，单个集群可达到数百个节点。在这种情况下，如果继续使用主动健康检查机制，持续的健康检查探测请求会给下游的 RS 带来很大压力，如图 6.3 所示。

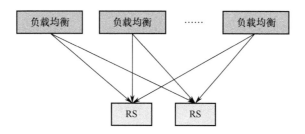

图 6.3　主动健康检查：多个负载均衡节点同时发送探测请求

为了解决上述问题，可以使用**被动健康检查**，简要描述如下。

（1）在 RS 为"正常"的状态下，负载均衡系统不会主动向 RS 发送探测请求。

（2）在 RS 为"正常"的状态下，如果 RS **处理业务请求**连续失败的次数达到一定的阈值，则将 RS 的健康状态变为"失败"。

（3）在 RS 为"失败"的状态下，负载均衡系统向 RS 发送探测请求。

（4）在 RS 为"失败"的状态下，如果连续探测成功次数达到一定的阈值，则将 RS 的健康状态变为"正常"。

被动健康检查中 RS 的状态变化及主动探测的启停可以用如图 6.4 所示的有限状态机来描述。

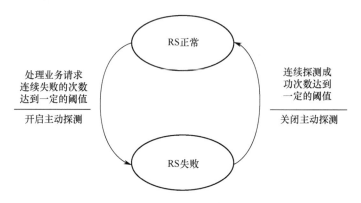

图 6.4　被动健康检查的有限状态机

### 3. 主动健康检查和被动健康检查结合

与主动健康检查相比，被动健康检查的一个显著特征是，使用正常的业务请求来"捎带"进行探测。这样做的好处有如下两点。

（1）在 RS 正常的情况下，不需要额外发送探测请求，从而降低了负载均衡系统启动探测和 RS 处理的成本。

（2）在 RS 处理正常请求的频率较高（即正常请求的频率远高于健康检查探测请求的频率）的情况下，被动健康检查可以更快地发现 RS 的异常。

但是，被动健康检查也有它的缺点，具体缺点如下。

（1）如果业务请求无法进行失败重试，在 RS 失败的情况下，可能导致正常请求失败。

（2）在业务请求频率较低（如对某个 RS，几分钟内才有一个请求）的情况下，可能导致无法及时发现 RS 的失败。

结合主动健康检查和被动健康检查的优缺点，我们建议在实践中采用

主动和被动相结合的方式：启用被动健康检查，可以帮助请求频率较高的
RS 快速发现失败的情况，而且不需要承担高频探测请求的成本；同时，启
动低频（如 30s 一次或 60s 一次）的主动健康检查，用于及时发现请求频率
较低的 RS 失败的情况。

在使用主动健康检查和被动健康检查相结合的机制时，RS 的健康状
态由两种检查的结果汇总得到，如表 6.1 所示。如果两者中任意一个检查
结果为失败，则 RS 的状态为"失败"；仅当两种检查结果都为成功时，
RS 的状态才为"正常"。

表 6.1　主动健康检查和被动健康检查结果汇总

| RS | 被动健康检查 | 主动健康检查 | 汇总结果 |
| --- | --- | --- | --- |
| RS1 | 正常 | 失败 | 失败 |
| RS2 | 正常 | 正常 | 正常 |
| RS3 | 失败 | 正常 | 失败 |

## 6.1.3　分布式健康检查和集中式健康检查

在使用主动健康检查机制时，按照探测器部署的位置，检查可以分为
分布式健康检查和集中式健康检查。

在**分布式健康检查**方式中，探测器和负载均衡转发程序同机部署。每
个负载均衡转发实例都根据自己的探测结果维护独立的 RS 状态表。对于同
一个 RS，由于每个负载均衡转发实例在服务器状态、网络状态（如 TOR、
路由、机房连通性）等方面存在差异，关于健康状况可能会得到不同的判
断结果。这也恰恰是分布式健康检查的优势，它可以最准确地反映出每个
负载均衡转发实例所"看到"的 RS 状况。

分布式健康检查方式存在的一个问题是：如何得到全局的 RS 状态表，

如图 6.5 所示。运维人员通常需要在管理控制台上集中查看 RS 的状态信息。在分布式健康检查方式下，仅从一个负载均衡转发实例获取 RS 状态信息显然是不合理的，很可能出现"以偏概全"的情况；而如果从所有负载均衡转发实例中读取状态信息并进行汇总，在转发实例数量比较多的情况下，这是一种很不经济的方案；而如果只选取部分转发实例的信息，则选择策略也不会很简单，需要考虑多种因素。

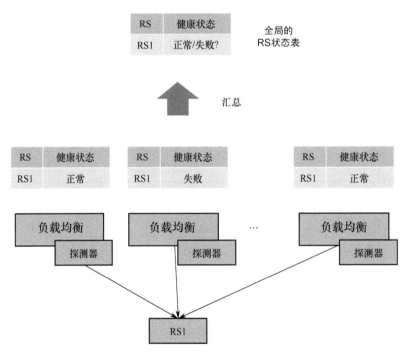

图 6.5　分布式健康检查方式下如何得到全局 RS 状态表

分布式健康检查方式存在的另一个问题是：即使发送探测请求的频率较低，在转发实例数量比较多（如上百个）而下游 RS 的数量比较少（如仅有几个）时，仍然会给 RS 带来很大的压力。

为了解决以上问题，可以使用**集中式健康检查**方式，如图 6.6 所示，要点描述如下。

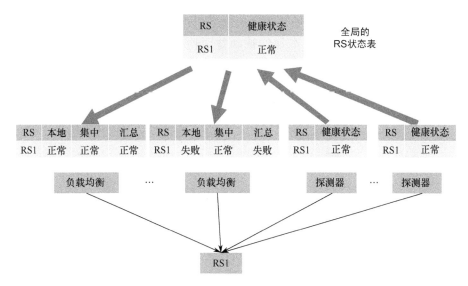

图 6.6　负载均衡转发实例综合本地被动健康检查的结果和从中心获得的主动健康检查结果

（1）探测器程序独立部署。和数量较大的负载均衡转发实例相比，探测器的实例数相对较少，比如在每个数据中心内部署几个探测器实例。在探测器部署方面，可以有一定的考虑，比如将探测器分布在数据中心不同的网络汇聚节点下，以及不同的 TOR（Top of Rack，机架顶部）交换机下。

（2）通过对探测器的状态汇总得到全局的 RS 状态表。

（3）主动探测的结果会下发至各负载均衡转发实例。

（4）负载均衡转发实例综合本地被动健康检查的结果和从中心获得的主动健康检查结果，汇总得到 RS 的状态。

负载均衡转发实例在使用从中心获得的主动健康检查结果时，要采取一定的容错机制，以防止无法及时获得主动健康检查结果时的更新。可以考虑以下两种情况。

情况 1：上次主动健康检查 RS 状态为"正常"，之后来自中心的更新中断，如图 6.7 所示。在这种情况下，如果后续 RS 转变为"失败"，负载均衡转发实例可以根据本地的被动健康检查来发现，会避免严重问题的发生。

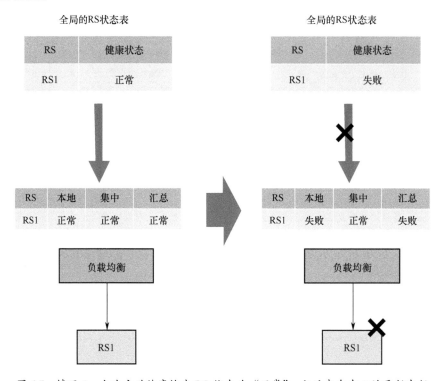

图 6.7　情况 1：上次主动健康检查 RS 状态为"正常"，之后来自中心的更新中断

　　情况 2：上次主动健康检查 RS 状态为"失败"，之后来自中心的更新中断，如图 6.8 所示。在这种情况下，如果后续 RS 转变为"正常"，负载均衡转发实例继续使用之前获得的"失败"信息，从而继续判断 RS 为失败。这会导致始终无法将 RS 恢复为正常状态。

　　对这个问题，可以在负载均衡转发节点增加超时机制来解决。对于从中心点获得的状态信息，会在一定时间后失效。如果没有新的更新信息，则退化为只依靠本地的被动健康检查结果。

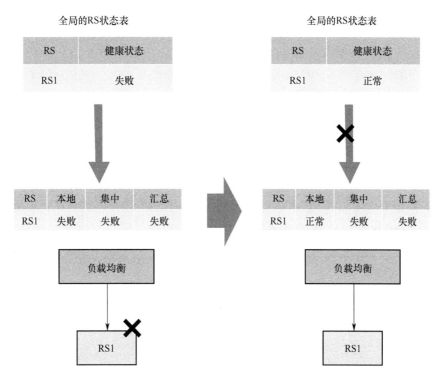

图 6.8　情况 2：上次主动健康检查 RS 状态为"失败"，之后来自中心的更新中断

## 6.1.4　BFE 的健康检查

BFE 开源项目目前只支持被动健康检查，基于 BFE 开源项目所实现的商业版产品中包含了集中式的主动健康检查。

不远的将来，我们将在 BFE 开源项目中增加分布式的主动健康检查。

## 6.2　超时设置

超时设置，对于业务流量的处理非常重要。BFE 中超时的配置包括以下两方面。

（1）BFE 和客户端间通信的超时。

（2）BFE 和后端实例间通信的超时。

## 6.2.1　BFE 和客户端间通信的超时

本节首先给出 BFE 和客户端间通信所涉及的各种超时的定义，然后介绍在 BFE 中这几种超时的配置方法。

### 1. 定义

BFE 和客户端间通信的超时的处理流程如图 6.9 所示，具体介绍如下。

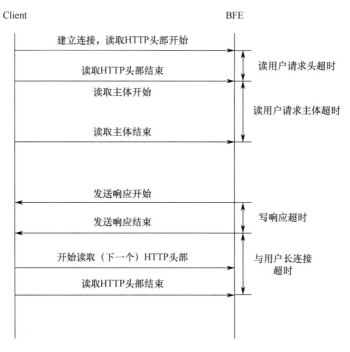

图 6.9　BFE 和客户端间通信的超时的处理流程

（1）**读用户请求头超时**：从建立连接开始，到完整读取来自客户端请求头。

（2）**读用户请求主体超时**：从完成读取请求头，到完成读取请求主体（Body）。

（3）**写响应超时**：从发送响应（Response）开始，到将响应完全发送给客户端。

（4）**与用户长连接超时**：从上一个请求结束，到读取下一个请求头的完成。

### 2．配置方法

（1）**读用户请求头超时**：在/conf/bfe.conf（见 BFE 开源项目中的示例）中统一配置，单位为 s。这个配置只能在程序重新启动时生效，无法热加载。下面是在 bfe.conf 中配置"读用户请求头超时"的例子：

```
[Server]
...
# read timeout, in seconds
ClientReadTimeout = 60
...
```

（2）**读用户请求主体超时**：在 /conf/server_data_conf/cluster_conf.data（见 BFE 开源项目中的示例）中，针对各集群独立配置，单位为 ms（毫秒）。下面是在 cluster_conf.data 中配置"读用户请求主体超时"的例子：

```
{
    "Version": "init version",
    "Config": {
        "cluster_example": {
            ...
```

```
        "ClusterBasic": {
          "TimeoutReadClient": 30000,
          ...
        }
      }
    }
}
```

（3）**写响应超时**：在/conf/server_data_conf/cluster_conf.data（见 BFE 开源项目中的示例）中，针对各集群独立配置，单位为 ms。下面是在 cluster_conf.data 中配置"写响应超时"的例子：

```
{
    "Version": "init version",
    "Config": {
      "cluster_example": {
                ...
          "ClusterBasic": {
            "TimeoutWriteClient": 60000,
            ...
          }
        }
    }
}
```

在/conf/bfe.conf 中，包含写响应超时的默认配置适用于不知道请求对应的集群，同时又需要控制与客户端超时的场景。例如，在还没有执行到通过路由转发规则确定后端集群，而需要从 BFE 直接返回自定义响应的时候，使用默认的超时配置。下面是在 bfe.conf 中配置默认"写响应超时"的例子：

```
[Server]
...
```

```
# write timeout, in seconds
ClientWriteTimeout = 60
...
```

（4）**与用户长连接超时**：在/conf/server_data_conf/cluster_conf.data 中，针对各集群独立配置，单位为 ms。下面是在 cluster_conf.data 中配置"与用户长连接超时"的例子：

```
{
    "Version": "init version",
    "Config": {
        "cluster_example": {
                ...
            "ClusterBasic": {
              "TimeoutReadClientAgain": 30000,
              ...
            }
        }
    }
}
```

## 6.2.2　BFE 和后端实例间通信的超时

本节首先给出 BFE 和后端实例间通信所涉及的两种超时的定义，然后介绍在 BFE 中这几种超时的配置方法。

### 1. 定义

BFE 和后端实例间通信的超时如图 6.10 所示，具体介绍如下。

（1）**连接后端超时**：从向后端发起建立连接，到建立连接完成。

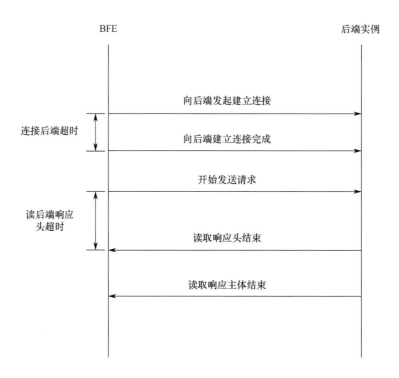

图 6.10　BFE 和后端实例间通信的超时

（2）**读后端响应头超时**：从 BFE 开始发送请求（Request），到读取响应头（Response Header）结束。

读者可能会注意到，在 BFE 中不能设置"读后端响应主体超时"，即从接收响应头结束，到读取响应主体（Response Body）完成。BFE 针对响应主体是流式转发（边读边写），6.2.1 节中介绍的"写响应超时"与本节介绍的"读后端响应主体超时"是等价的，不需要再增加一个独立的超时设置。

**2. 配置方法**

（1）**连接后端超时**：在/conf/server_data_conf/cluster_conf.data 中，针对

各集群独立配置，单位为 ms。示例代码如下：

```
{
    "Version": "init version",
    "Config": {
        "cluster_example": {
        ...
          "BackendConf": {
              "TimeoutConnSrv": 2000,
              ...
            }
          }
        }
}
```

（2）**读后端响应头超时**：在/conf/server_data_conf/cluster_conf.data 中，针对各集群独立配置，单位为 ms。示例代码如下：

```
{
    "Version": "init version",
    "Config": {
        "cluster_example": {
        ...
          "BackendConf": {
              "TimeoutResponseHeader": 50000,
              ...
            }
          }
        }
}
```

## 6.3　BFE 信息透传

作为一个 HTTP 反向代理，BFE 除了转发原始的 HTTP 请求，还会通过在 HTTP 头中增加字段的方式向后端或用户传递一些额外信息。下面介绍 BFE 信息透传的机制。

### 6.3.1　客户端 IP 地址的透传

本节介绍客户端 IP 地址的透传。首先介绍这个功能的需求来源，然后介绍透传客户端 IP 地址方案。

#### 1. 需求来源

在经过 BFE 转发后，RS 无法获得原始的客户端 IP 地址，而只能获得 BFE 实例的 IP 地址。

如图 6.11 所示，客户端 IP 地址为 1.2.3.4，在经过 BFE 转发后，BFE 和 RS 建立了新的 TCP 连接，RS 只能看到 BFE 的地址为 10.1.0.1。

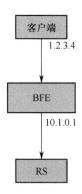

图 6.11　在 BFE 转发过程中地址的变化

很多应用都需要获取请求原始的 IP 地址，因此需要提供机制将原始的 IP 地址传递到 RS。

### 2．透传客户端 IP 地址方案

BFE 在扩展模块 mod_header 中默认提供了捎带客户端 IP 地址和端口的功能。只要在 BFE 启动时配置加载 mod_header，在转发后请求中就会包含这两个信息。

在经过 BFE 转发后，在请求头会增加 2 个字段。

（1）X-Real-Ip：用于传递原始的客户端 IP 地址。

（2）X-Real-Port：用于传递原始的客户端端口。

有些人可能会考虑通过 X-Forwarded-For 来获取客户端的 IP 地址。BFE 使用独立定义的 X-Real-Ip 是为了避免 X-Forwarded-For 被伪造。如果请求在到达 BFE 时已经包含了 X-Real-Ip 字段，BFE 会将这个字段的值重写为 BFE 所见的客户端 IP 地址，从而避免这个字段被伪造。

## 6.3.2　其他信息的透传

除客户端的 IP 地址和端口外，mod_header 也提供对请求中加入其他信息的能力。下面介绍如何使用 mod_header 透传其他信息。

### 1．租户配置表

在 mod_header 中，可以对每个租户提供一张配置表（表 6.2），每个配置表包括以下信息。

（1）condition，即匹配的条件，使用"条件表达式"（见第 5 章 5.2 节

"BFE 的路由转发机制"的说明）来描述。

（2）Actions，即执行的动作列表，在命中匹配条件后，可以执行 1 至多个动作。可执行的动作可阅读下一小节。

（3）Last，如果为 true，则直接返回，不再匹配下面的规则。

和"转发表"（见第 5 章 5.2 节"BFE 的路由转发机制"一节）中"只会命中一次"的机制不同，在 mod_header 中一个请求可能同时命中多条规则，并执行多条规则对应的动作。在希望继续匹配其他规则的时候，可以将 Last 设置为 false。

表 6.2　mod_header 租户配置表的例子

| Condition | Action | Last |
|---|---|---|
| req_path_prefix_in("/header", false) | [action1,action2] | true |
| req_path_prefix_in("/other",false) | [action3,action4] | false |

### 2．可执行的动作

在 mod_header 中，对于请求和响应都可以执行设置、添加或删除操作，见表 6.3，在设置或添加的时候，需要提供头部字段的名称和取值。

表 6.3　mod_header 可执行的动作

| 动 作 名 称 | 含　　义 | 参数列表说明 |
|---|---|---|
| REQ_HEADER_SET | 设置请求头 | HeaderName, HeaderValue |
| REQ_HEADER_ADD | 添加请求头 | HeaderName, HeaderValue |
| REQ_HEADER_DEL | 删除请求头 | HeaderName |
| RSP_HEADER_SET | 设置响应头 | HeaderName, HeaderValue |
| RSP_HEADER_ADD | 添加响应头 | HeaderName, HeaderValue |
| RSP_HEADER_DEL | 删除响应头 | HeaderName |

### 3．例子

这里给出一个 mod_header 配置的例子。针对 example_product 这个租户，只配置了一条规则。如果命中规则，则顺序执行 3 个动作，对请求头做 2 次设置，对响应头做 1 次设置。

在请求头中透传信息时，用户可以根据自己的需要来设置头部字段的名称。

```
{
    "Version": "20190101000000",
    "Config": {
        "example_product": [
            {
                "cond": "req_path_prefix_in(\"/header\", false)",
                "actions": [
                    {
                        "cmd": "REQ_HEADER_SET",
                        "params": [
                            "X-Bfe-Log-Id",
                            "%bfe_log_id"
                        ]
                    },
                    {
                        "cmd": "REQ_HEADER_SET",
                        "params": [
                            "X-Bfe-Vip",
                            "%bfe_vip"
                        ]
                    },
                    {
                        "cmd": "RSP_HEADER_SET",
                        "params": [
                            "X-Proxied-By",
                            "bfe"
                        ]
                    }
```

```
        ],
        "last": true
    }
    ]
  }
}
```

## 4. 内置变量

在上面的例子中，在设置 X-Bfe-Log-Id 和 X-Bfe-Vip 时，使用了内置的变量。在 mod_header 中还提供了其他内置变量，可以在设置头部时使用。mod_header 中支持的内置变量列表见表 6.4 所示。

表 6.4    mod_header 中支持的内置变量

| 变 量 名 | 含 义 | 依 赖 条 件 |
|---|---|---|
| %bfe_client_ip | 客户端 IP | |
| %bfe_client_port | 客户端端口 | |
| %bfe_request_host | 请求 Host | |
| %bfe_session_id | 会话 ID | |
| %bfe_log_id | 请求 ID | 需要启用 mod_logid |
| %bfe_cip | 客户端 IP（CIP） | |
| %bfe_vip | 服务端 IP（VIP） | |
| %bfe_server_name | BFE 实例地址 | |
| %bfe_cluster | 目的后端集群 | |
| %bfe_backend_info | 后端信息 | |
| %bfe_ssl_resume | 是否 TLS/SSL 会话复用 | |
| %bfe_ssl_cipher | TLS/SSL 加密套件 | |
| %bfe_ssl_version | TLS/SSL 协议版本 | |
| %bfe_ssl_ja3_raw | TLS/SSL 客户端 JA3 算法指纹数据 | |
| %bfe_ssl_ja3_hash | TLS/SSL 客户端 JA3 算法指纹哈希值 | |
| %bfe_protocol | 访问协议 | |
| %client_cert_serial_number | 客户端证书序列号 | |
| %client_cert_subject_title | 客户端证书 Subject Title | |

续表

| 变 量 名 | 含 义 | 依 赖 条 件 |
|---|---|---|
| %client_cert_subject_common_name | 客户端证书 Subject Common Name | |
| %client_cert_subject_organization | 客户端证书 Subject Organization | |
| %client_cert_subject_organizational_unit | 客户端证书 Subject Organizational Unit | |
| %client_cert_subject_province | 客户端证书 Subject Province | |
| %client_cert_subject_country | 客户端证书 Subject Country | |
| %client_cert_subject_locality | 客户端证书 Subject Locality | |

# 6.4　限流机制

互联网的开放架构导致流量的爆发是不可预期的。由于正常的流量变化或网络攻击都可能导致流量超过服务的容量，在这种情况下，七层负载均衡的限流机制可以对服务进行保护，避免服务被完全压垮。

本节对限流中的相关问题进行讨论，内容包括如以下几方面。

（1）限流的概念和配置。

（2）分布式限流中出现的问题和解决方案。

（3）限流部署位置带来的问题和解决方案。

（4）限流和内网流量调度之间的关系。

## 6.4.1　限流的概念

限流的场景如图 6.12 所示，由 3 个 RS 构成一个服务，总的服务能力为 1500req/s（请求/秒）。而在某个时刻，外部请求的速率为 5000req/s。如果负载均衡直接将所有外部请求都转发给 RS，RS 将发生过载，从而导致对所有请求的处理都增加延迟，并导致部分请求被拒绝；在严重的情况下，过载的流量可以将服务程序压垮，或发生其他不可预期的结果。在客户端程序中往往包含超时机制，延迟过大的响应从客户端来看，常常被判定为失败，从而导致所有用户都感知到服务的失败。

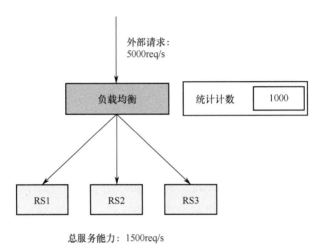

图 6.12　限流的场景

互联网是一个非常开放的架构，无法对客户端的行为进行限制。在正常的场景中，外部请求超过后端服务能力的情况是经常发生的，如某些新闻事件导致新闻网站或搜索网站的访问量突增。另外，还会出现由于恶意攻击而导致的"服务过载"。

负载均衡系统往往会提供限流机制，以对下游的服务进行保护。在负载均衡系统中，可以针对下游服务设置服务阈值；在外部请求超过服务阈值后，负载均衡将停止向 RS 转发，而直接向客户端返回响应或者直接拒绝请求。这样的话，对于在超过服务阈值前转发的请求仍然是可以正常处理的。

限流有时也被称为"熔断"，"熔断"这个词对于描述这个机制是非常形象的。

## 6.4.2　限流的配置

对丁限流来说，典型的配置如图 6.13 所示，具体包括以下几方面。

| 统计特征 | 统计周期 | 阈值 | 动作 |
| --- | --- | --- | --- |
| www.demo.com | 1s | 1200 | 关闭连接 |
| api.baidu.com/api | 1s | 200 | 返回静态结果 |

图 6.13　限流的典型配置

（1）统计特征：可能会将域名、URL 或其他更多 HTTP 请求中的信息作为统计的特征。

（2）统计周期：虽然可以设置为其他值，但是一般都将统计周期设置为1s。如果设置为更长周期，可能会出现所有阈值范围内的请求都在最开始的1s 内到达，从而将服务压垮；如果设置得过短，考虑到系统中的各种延迟，将会给实现带来很大难度。

（3）阈值：可以根据服务的容量设置限流的阈值。服务的容量可能是静态的（如通过离线的压测得到），也可能是动态的（如实时通过 CPU 等资源的情况推测）。

（4）动作：在统计周期内，如果请求的数量超过阈值，则会触发预先设置的动作，可能的动作包括关闭连接、展示指定网页等。

## 6.4.3　分布式限流

在限流的实现中，需要在负载均衡转发实例上对请求进行计数。当计数超过预定的阈值时，则执行预定的动作。

在使用软件负载均衡的场景中，转发往往由多个转发实例构成的负载均衡集群来完成。针对限流这个功能，是否可以简单地将阈值在多个负载均衡转发实例间平均分配呢？例如，在图 6.14 中，在单机上限流的阈值为10。如果由 10 个 BFE 实例来完成转发，在每个转发实例上都配置限流阈值为 1，是否可以达到总体限流阈值为 10 的效果呢？

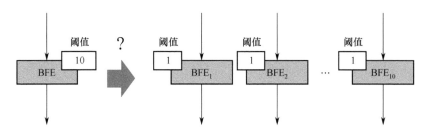

图 6.14　从单机限流向分布式限流的配置转换

在实践中，我们发现最终通过的流量经常比设定的总体阈值要更小。发生这种情况的原因是，BFE 上游使用四层负载均衡的方式来分配流量。四层负载均衡可以实现的是，对于一个虚拟服务器（Virtual Server），将新建连接按照轮询调度模式均分到多个 BFE 实例上，如图 6.15 所示。

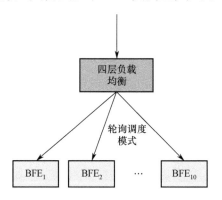

图 6.15　四层负载均衡按照轮询调度模式均分新建连接

需要注意的是，以上提到的均分是针对单个虚拟服务器的所有请求，而不是针对限流统计特征的所有请求。对于满足限流特征的请求，在多个BFE 实例间的流量分配是不均衡的，会出现如图 6.16 所示的场景：某些

BFE 实例的计数仍然为 0，而某些 BFE 实例的计数已经达到阈值从而开始拒绝流量。

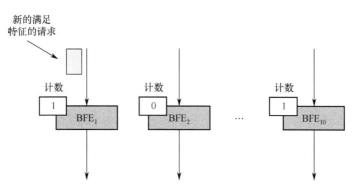

图 6.16　多个 BFE 实例间流量分配不均造成提前拒绝流量

为了解决上面的问题，需要在一个 BFE 集群内采用集中计数的方式，如图 6.17 所示。当有新的请求到达某个 BFE 实例时，BFE 的限流模块会上报给集中计数的系统（可以使用 Redis 来实现）。如果集中的计数超过预定的阈值，则执行预定的动作。

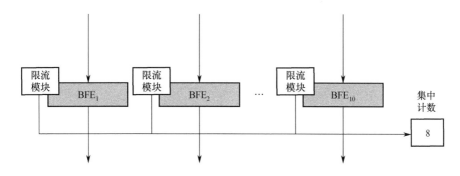

图 6.17　在限流中使用集中计数

这两类限流方案也可以加以组合，从而形成两级限流方案。首先，通过第一级的分布式计数限流，实现粗粒度限流，并减少下一级别需处理的流量规模，然后，通过第二级的集中计数限流，实现高精度限流。

## 6.4.4　入口限流和目的限流

将限流机制用于多数据中心场景，会遇到一些新的问题，本节做一个简要分析。

如图 6.18 所示，图中有两个数据中心（IDC1 和 IDC2），各自部署了一个 BFE 集群用于七层负载均衡；同时，有两个服务子集群，分别位于这两个数据中心之中。在这两个 BFE 集群上都开启限流功能。假设每个服务子集群的服务能力为 100（req/s）。那么为了保护服务子集群不过载，将每个 BFE 集群的限流阈值设为 100（req/s）是否可以呢？

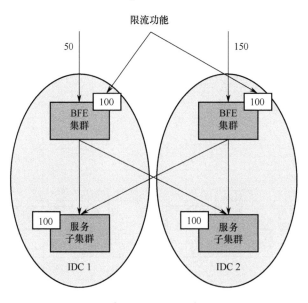

图 6.18　入口限流

其实这样是不行的，不能简单地假设到达两个 BFE 集群的流量是相等的。如 5.4 节所述，外网流量会随着多种原因发生变化，多个网络入口之间的流量关系是很不确定的。下面描述这样一种可能：到达 IDC 1 入口的流量为 50 req/s，而到达 IDC 2 入口的流量为 150 req/s。虽然从总体上看，总的流量并没有超出总的服务能力，但是由于限流的配置，在 IDC 2 的 BFE 集群会将超过 100（req/s）的流量丢弃。

　　产生这种问题的根本原因是，在限流的**目的**（保护服务子集群）和限流的**手段**（在网络入口处限流）之间出现了不一致。要从根本上解决这个问题，需要将"入口限流"改为"目的限流"。具体方案如图 6.19 所示，需要使用 2 层的七层负载均衡集群：上面那层 BFE 集群用于跨机房调度，下面那层 BFE 集群用于执行限流。这个方案的代价较大，需要增加一层负载均衡的资源消耗，可以考虑在对限流准确性有较高要求的场景中使用。

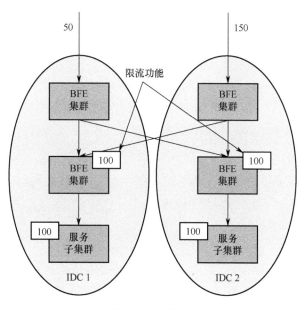

图 6.19　目的限流

## 6.4.5　限流和内网流量调度

　　从表面上看，限流和内网流量调度似乎有一些相似之处。内网流量调度提供了"黑洞"能力，可以主动丢弃一定比例的流量，也能起到过载保护的效果。

在过载保护的能力方面，限流和内网流量调度存在以下差异。

（1）生效速度。在流量超过阈值的情况下，限流可以在秒级内产生效果，而内网流量调度需要几十秒才能做出调整，对于秒级的突发流量无能为力。

（2）生效粒度。基于计数器，限流可以精确到单个请求的粒度；内网流量调度的生效基于 BFE 处设置的权重，控制粒度较粗。

# 第 7 章

# 运维相关机制

本章对 BFE 中的运维相关机制进行介绍，主要包括以下 3 方面。

（1）监控机制。

（2）日志机制。

（3）配置管理。

在介绍监控机制的同时，还会对 BFE 中用于向外输出内部状态的基础库——Web Monitor 进行了简要说明。

## 7.1　监控机制

BFE 作为一个七层负载均衡软件，需要 7×24h 持续稳定运转。为了保证系统的稳定性和正确性，对系统的监控是非常重要的。

由于日志监控存在一些问题，BFE 中大量使用"输出内部状态"的机制来监控系统的运行状态。本节对 BFE 在这方面的实现机制进行介绍。

### 7.1.1  日志监控及其问题

很多系统依赖于对外输出的错误日志来发现系统的问题，具体方法介绍如下。

（1）在错误发生时，打印日志，其中包含错误的信息。

（2）配置监控系统，对于日志的内容进行监控，如果发现有错误信息，则输出报警。

在很多时候，我们不仅希望看到系统错误的情况，也希望能够看到系统的一些状态。例如，目前并发的连接数有多少，每秒处理请求的数量有多少，等等。类似这样的需求，在很多系统中也是依靠分析系统输出的日志来实现的。

基于系统日志来监控的机制，存在以下问题。

（1）被监控系统的资源消耗较高。打印日志会使用磁盘 I/O，这是一个消耗较多资源的操作。如果是输出文本日志，日志格式化时所进行的字符串操作也会消耗较多的 CPU 资源。

大家可以做这样的试验：对于 BFE 或者 Nginx，打开或关闭访问日志的输出，会看到性能的明显变化。

（2）监控系统的资源消耗较高。对日志进行监控，监控系统要进行读取、解析、匹配等操作，都是要消耗较多资源的。

曾经有过这样的案例：业务系统运行时使用了四核 CPU；为了分析这个系统输出的日志，监控系统也使用了四核 CPU。监控使用了和业务系统几乎一样多的资源，成本有些太高了。

（3）很多状态信息并不适合打印输出。如果希望了解 BFE 内部系统间的调用处理情况，不可能将这些内部调用的情况都通过打印日志的方式输出。

## 7.1.2 BFE 的内部状态输出

为了更方便地对外展示 BFE 内部的状态信息，我们为此做了一些专门的设计，如图 7.1 所示。

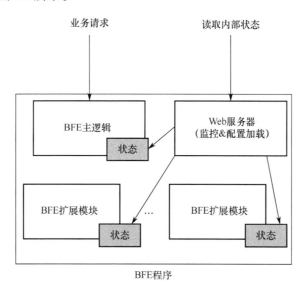

图 7.1 BFE 内部状态输出的系统机制

（1）在 BFE 的主逻辑和 BFE 的各扩展模块中，使用专门的存储区域来维护状态信息。

（2）在 BFE 程序中嵌入一个 Web 服务器，用于从外部读取 BFE 内部的状态信息及触发配置加载。

图 7.2 展示了在浏览器中查看从 BFE 监控端口读取结果的例子。状态

信息默认以 JSON 格式输出，每项包括状态变量名及变量的值。例如，CLIENT_REQ_ACTIVE 是指当前活跃的请求数；CLIENT_REQ_SERVED 是指自 BFE 程序启动以来，一共服务的请求数。

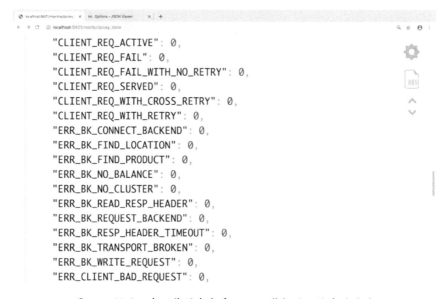

图 7.2　例子：在浏览器中查看从 BFE 监控端口输出的结果

这个设计有以下两方面好处。

（1）状态信息可以低成本地收集和汇聚。对于一个状态的累加计算，其成本仅仅是对 BFE 内存中一个变量的"加 1"操作。

（2）状态信息也可以低成本地读取。监控系统通过 BFE 对外的监控端口，一次可以读取几十个甚至几百个变量。由于 BFE 所输出的状态信息均为格式化数据，也便于监控系统对内容进行解析。

通过以上方式，BFE 暴露数千条内部状态信息，可以反映出系统内部各方面的实时状态。使用监控系统（如 Prometheus）对各 BFE 程序实例的状态信息做采集和汇聚，可以形成可视化的 BFE 运维仪表盘，如图 7.3 所示。

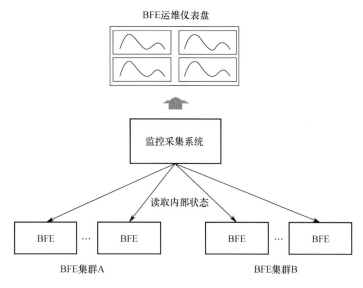

图 7.3　基于内部状态建立 BFE 运维仪表盘

### 7.1.3　统计状态和日志的配合使用

虽然监控不需要依赖日志，但是日志仍然是有用的。

对于一些错误，从状态信息只能看到"错误的发生"，但是无法看到"错误的细节"。在这种场景中，在基于状态信息监控到错误发生后，可以进一步查询对应的日志，以便进一步深入了解错误的细节。

关于 BFE 日志的机制，可以参考 7.3 节 "日志机制"。

## 7.2　Web Monitor 基础库

上节所介绍的 BFE 相关状态输出机制已经封装为独立的基础库，命名为 Web Monitor。本节介绍 Web Monitor 的设计机制和使用方法。

Web Monitor 的代码位于 GitHub 官网 baidu/go-lib 代码库中的 web-monitor 目录下。

## 7.2.1　Web Monitor 概述

Web Monitor 提供 Web 接口，帮助持续运行的后台程序提供内部状态，以便展示和配置热加载功能。Web Monitor 中主要提供以下 3 类支持。

（1）专用的定制 Web 服务器。这个 Web 服务器可以嵌入后台程序中运行。

（2）回调接口注册。需要外部访问状态或配置热加载的后台程序模块，可以向 Web Monitor 注册对应的状态展示函数或配置加载函数。

（3）内部状态维护。Web Monitor 为后台程序维护内部状态提供了多种形式的支持。

## 7.2.2　状态变量维护

### 1. 变量类型

在内部状态维护中，我们考虑了以下几种场景。

（1）计数器变量（Counter）：只能单向增长。

（2）计量变量（Gauge）：可以增加、减少，也可以直接改变取值。

（3）状态变量（State）：可以设置一个字符串作为状态，如"on""off""red""green"。

以上几种变量对应的类型定义可以查看 GitHub 官网 baidu/go-lib 代码库

中 /web-monitor/metrics 目录下的 counter.go、gauge.go 和 state.go。

### 2. 差值计算

对于计数器变量，Web Monitor 还提供了"获取指定时间周期内的差值"的能力。比如，对于 CLIENT_REQ_SERVED，获取 BFE 程序启动后一共处理了多少个请求并没有太大意义，我们更希望得到"最近 20s 内服务了多少个请求"。获取差值的能力实现在/web-monitor/metrics 的 metrics.go 中。要使用 metrics，可以按照如下步骤进行操作。

（1）定义包含统计变量的数据类型。示例如下：

```
import "github.com/baidu/go-lib/web-monitor/metrics"

// define counter struct type
type ServerState {
    ReqServed *metrics.Counter
    ConServed *metrics.Counter
    ConActive *metrics.Gauge
}


var s ServerState
```

（2）定义和初始化 metrics 变量。在 metrics 的 Init()函数中，第二个参数为"前缀字符串"。Web Monitor 中有一种输出格式为 key-value 格式，在这种格式下输出时，会将"前缀字符串"放在原始的变量名称前面，以便在复杂场景中可以全局区分各统计变量。在这个例子中，增加了"PROXY"前缀，以 key-value 方式输出时会显示为：

```
PROXY_REQ_SERVED: 0
PROXY_CON_SERVED: 0
PROXY_CON_ACTIVE: 0
```

第三个参数为"差值计算的间隔时间"，这个例子中设为20s。

```
// create metrics
var m metrics.Metrics
m.Init(&s, "PROXY", 20)
```

（3）统计变量的相关操作，例如：

```
// counter operations
s.ConActive.Inc(2)
s.ConServed.Inc(1)
s.ReqServed.Inc(1)
s.ConActive.Dec(1)
```

（4）获得结果。通过调用 Metrics 的 GetAll()接口，可以获得其中所有变量的"绝对值"；调用 GetDiff()接口，可以获得其中 Counter 类型在 20s 内的"变化值"。

```
// get absolute data for all metrics
stateData := m.GetAll()
// get diff data for all counters
stateDiff := m.GetDiff()
```

### 3. 使用案例

BFE 主逻辑的统计变量定义在 BFE 开源项目的/bfe_server 目录下的 proxy_state.go 中。

在扩展模块开发中也会使用状态变量的机制，可以参考第 15 章 15.4 节"如何开发 BFE 扩展模块"中的说明。

## 7.2.3  延迟统计变量维护

在 BFE 中，也需要对一些处理的延迟进行统计，例如，转发处理的延迟、HTTPS 握手的延迟等。在 Web Monitor 中，提供了 Delay Counter（延迟统计）的机制，以支持对延迟的统计。

### 1．机制说明

Delay Counter 支持以下能力。

（1）平均延迟。通过记录样本的数量和延迟总和，可以计算得到平均延迟。

（2）延迟的分布。用户可以指定延迟统计分档的数量，以及每个分档的时间长短，可以获得落入各延迟分档的请求数量。

以上这些统计数据都是针对一定的时间周期的。Delay Counter 的使用者需要指定统计的周期（如 60s）。Delay Counter 会显示"当前周期"的统计数据，如果刷新 Web Monitor 的接口，会发现这些统计数据在持续发生变化。从观测长期变化的角度来看，需要在每个周期结束后，获取其稳定不变的统计值，为此 Delay Counter 也会同时提供"上一周期"的统计结果，如图 7.4 所示。

| 延迟分档 | 延迟分布 (ms) | 请求个数 |
|---|---|---|
| 1 | 0～1 | 2001 |
| 2 | 1～2 | 11 |
| 3 | 2～3 | 60 |
| 4 | 3～4 | 3 |
| 5 | >4 | 22 |

当前周期
的统计结果
（更新中）

| 延迟分档 | 延迟分布 (ms) | 请求个数 |
|---|---|---|
| 1 | 0～1 | 12 019 |
| 2 | 1～2 | 921 |
| 3 | 2～3 | 60 |
| 4 | 3～4 | 193 |
| 5 | >4 | 218 |

上一周期
的统计结果

图 7.4　Delay Counter 的统计结果

### 2. 使用方法

Delay Counter 的使用方法介绍如下。

（1）定义和初始化 Delay Counter。

```
import "github.com/baidu/go-lib/web-monitor/delay_counter"

ProxyDelay = new(delay_counter.DelayRecent)

// Init 的 3 个参数为：统计周期, 延迟分档 (ms), 分档个数
ProxyDelay.Init(60, 1, 10)
```

（2）增加样本值。

```
ProxyDelay.AddBySub(startTime, endTime)
```

（3）输出文本形式的结果。

```
// params 是由 Web Monitor 的 Web Server 传入的参数
ProxyDelay.FormatOutput(params)
```

## 7.2.4　建立专用的 Web 服务器

在 BFE 开源项目中，BFE 内嵌的监控专用 Web 服务器在/bfe_server 目录的 web_server.go 中，具体定义如下。

```
func newBfeMonitor(srv *BfeServer, monitorPort int) (*BfeMonitor,
error) {
    m := &BfeMonitor{nil, nil, srv}

    // initialize web handlers
    m.WebHandlers = web_monitor.NewWebHandlers()
    if err := m.WebHandlersInit(m.srv); err != nil {
```

```
    log.Logger.Error("newBfeMonitor(): in
                    WebHandlersInit(): ", err.Error())
        return nil, err
    }

    // initialize web server
    m.WebServer = web_monitor.NewMonitorServer("bfe",
                        srv.Version, monitorPort)
    m.WebServer.HandlersSet(m.WebHandlers)

    return m, nil
}
```

上面的代码中建立了维护回调函数的变量 m.WebHandlers，也建立了 Web 服务器的变量 m.WebServer。

最后，启动 Web 服务器。

```
func (m *BfeMonitor) Start() {
    go m.WebServer.Start()
}
```

## 7.2.5　注册回调函数

在 7.2.4 节所调用的 m.WebHandlersInit()中，既注册了用于显示内部状态的回调函数，也注册了用于动态加载配置的回调函数，具体如下：

```
func (m *BfeMonitor) WebHandlersInit(srv *BfeServer) error {
    // register handlers for monitor
    err := web_monitor.RegisterHandlers(m.WebHandlers,
                    web_monitor.WebHandleMonitor,
                    m.monitorHandlers())
```

```
if err != nil {
    return err
}


// register handlers for for reload
err = web_monitor.RegisterHandlers(m.WebHandlers,
                web_monitor.WebHandleReload,
                m.reloadHandlers())
if err != nil {
    return err
}


return nil
}
```

以上是 BFE 主逻辑注册回调函数的代码逻辑。在各扩展模块中，也有独立的注册逻辑，可以参考第 15 章 15.4 节 "如何开发 BFE 扩展模块" 中的说明。

# 7.3 日志机制

"打印日志" 是一般程序经常使用的功能，看起来很简单。但只要深入研究就会发现，日志也有很多需要注意的细节。本节对 BFE 开源项目中的日志机制进行说明。

## 7.3.1 日志类型

BFE 中对不同用途的日志做出了明确区分。

（1）访问日志（Access Log），包括由程序处理外部请求所触发的日志，也包括由外部建立连接所触发的日志。

（2）服务日志（Server Log），由和处理外部请求无关的操作所触发的日志。如配置加载、程序执行异常（非外部请求处理）等。

（3）密钥日志（Key Log），由程序处理 TLS 连接所记录的 TLS 主密钥日志。

不同日志的使用场景有很大的差异：访问日志的数据量较大，可以用于业务请求的数据分析；服务日志主要用于反映程序的运行状态，一般数据量较小，常用于系统监控、故障诊断等场景；密钥日志一般按需抽样启用，并与第三方工具配合用于解密及诊断密文抓包流量。由于存在特性和用途上的差异，不同日志应该分开输出，并使用不同机制来做后续处理。例如，访问日志可以使用大数据分析平台来分析和存储；服务日志可以和监控系统进行联动查询，用于故障精确定位。

在实践中，常见的错误是将访问日志混杂在服务日志中打印，尤其是对很多在处理请求过程中发生的错误，有些程序会把相关信息打印在服务日志中。这会增加服务日志的数据量，容易导致严重的系统错误信息被淹没在大量的访问日志信息中。这样的问题应在编写程序时尽量避免。

## 7.3.2　日志打印的注意事项

对一般的程序来说，日志的输出应满足以下要求。

（1）日志的输出不能阻塞程序的正常处理流程。日志的输出涉及磁盘 I/O 操作，在部分场景中可能会出现阻塞的情况。部分程序由于实现不当，业务主逻辑对日志输出模块为"同步调用"，在日志打印阻塞时，主逻辑也被阻塞。

因此，正确的方法是，将业务主逻辑对日志模块的调用方式修改为"异步方式"。在最坏情况下，磁盘 I/O 操作阻塞只会导致日志打印失败，而不会阻塞业务主逻辑的执行。

（2）支持日志文件的"切割"和"滚动覆盖"。日志文件的大小会随着程序的运行而持续增加，如果不做任何处理，磁盘空间将会用尽，从而导致系统问题出现。很多打印日志的基础库都支持对日志文件做定期"切割"，并可以指定日志文件"滚动覆盖"的参数。在切割的日志文件数量超过指定的数量后，会删除早期的历史日志文件。

一些程序未使用"内置"的日志基础库来实现"切割"和"滚动覆盖"的功能，而采用在 crontab 中定期运行脚本的方式来实现。这样的方式虽然也可以达到类似效果，但是增加了运维的复杂性，因为会时常出现由于忘记增加 crontab 配置或错误修改 crontab 配置而导致的日志超限问题。建议尽量使用"内置"的日志基础库代码来实现以上功能。

BFE 的服务日志使用 GitHub 官网上 baidu/go-lib 代码库中的 log 库来输出。log 库在开源的 log4go 基础上进行了封装和修改，增加了"按照时间切割日志"的功能。在 log4go 中，实现了"异步写入"机制，日志信息首先被提交给一个队列，然后由独立的 Go 协程读出并输出。如果队列超限，日志信息则被丢弃。

### 7.3.3  BFE 的访问日志

BFE 的访问日志由 BFE 的扩展模块 mod_access 来输出。BFE 的访问日志中包括"请求"（Request）和"会话"（Session）两类日志。会话对应于客户端和 BFE 间建立的 TCP 连接，一个会话中可能包含多个请求。

mod_access 提供了模板配置能力，用户可以定制请求日志和会话日志中输出的数据字段。

## 7.4　配置管理

作为一个工业级的七层负载均衡软件，BFE 有完备的配置管理体系。为了支持配置能够在线动态修改，BFE 将配置分为常规配置和动态配置。

本节首先介绍 BFE 配置文件的分布和分类，然后介绍动态配置的实现机制。

### 7.4.1　BFE 配置文件的分布

BFE 配置文件位于 BFE 开源代码库的/conf 目录下。为了便于维护，配置文件按功能分类并存放在相应目录下。

#### 1．BFE 主逻辑的主要配置文件

BFE 主逻辑的主要配置文件如表 7.1 所示。

表 7.1　BFE 主逻辑的主要配置文件

| 功 能 类 别 | 配置文件目录位置 | 配 置 文 件 | 说　　明 |
| --- | --- | --- | --- |
| 服务基础配置 | /conf/ | bfe.conf | 包括 BFE 的服务基础配置，如服务端口、默认超时配置、扩展模块加载等；还包括 TLS 的基础配置，如 HTTPS 的加密套件、会话缓存的配置等 |
| 接入协议配置 | /conf/tls_conf/ | server_cert_conf.data | 服务端的证书和密钥配置 |

续表

| 功 能 类 别 | 配置文件目录位置 | 配 置 文 件 | 说　　明 |
|---|---|---|---|
| 接入协议配置 | /conf/tls_conf/ | session_ticket_key.data | TLS 会话票证密钥（Session Ticket Key）配置 |
| 接入协议配置 | /conf/tls_conf/ | tls_rule_conf.data | 按照租户粒度区分的 TLS 协议参数 |
| 流量路由配置 | /conf/server_data_conf/ | vip_rule.data | 各租户的 VIP 列表 |
| 流量路由配置 | /conf/server_data_conf/ | host_rule.data | 各租户的域名列表 |
| 流量路由配置 | /conf/server_data_conf/ | route_rule.data | 各租户的分流转发规则信息 |
| 流量路由配置 | /conf/server_data_conf/ | cluster_conf.data | 各集群的转发配置，包括集群基础配置、GSLB 基础配置、健康检查配置、后端基础配置等 |
| 流量路由配置 | /conf/server_data_conf/ | name_conf.data | 服务名字和服务实例的映射关系 |
| 负载均衡配置 | /conf/cluster_conf/ | cluster_table.data | 各后端集群包含的子集群，以及各子集群中包含的实例信息 |
| 负载均衡配置 | /conf/cluster_conf/ | gslb.data | 用于配置各集群内的多个子集群之间的分流比例 |

### 2．BFE 扩展模块的配置文件

出于方便管理的目的，BFE 各扩展模块的配置文件和 BFE 主逻辑的配置文件是分开存放的。对于每个扩展模块，有一个独立的配置文件目录，位于/conf/mod_/目录下，如/conf/mod_block/目录下是 mod_block 的配置文件。

## 7.4.2　常规配置和动态配置

在 BFE 中，配置分为"常规配置"和"动态配置"。

（1）常规配置，仅在程序启动时生效。在 BFE 中，常规配置一般基于 INI 格式，常规配置文件名一般使用.conf 后缀。

（2）动态配置，可在程序执行过程中动态加载。在 BFE 中，动态配置文件一般基于 JSON 格式，兼顾程序读取和人工阅读的需求。动态配置文件名一般使用.data 后缀。

## 7.4.3　动态配置的实现机制

本节从"配置加载"和"配置生效"两方面介绍 BFE 动态配置的实现机制。

### 1．配置加载

BFE 的配置加载机制如图 7.5 所示。

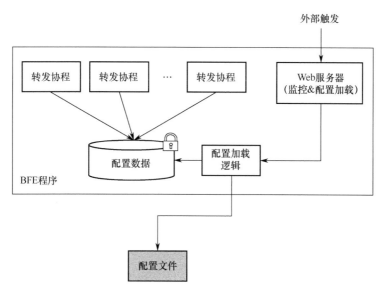

图 7.5　配置加载机制

在 7.1 节"监控机制"中介绍过，在 BFE 程序中嵌入一个 Web 服务器，用于从外部读取 BFE 内部的状态信息，这个 Web 服务器也用于触发配置的动态加载。例如，通过访问 http://127.0.0.1:8421/reload/gslb_data_conf，可以触发 gslb.data 的重新加载。

出丁安全考虑，只有当从部署 BFE 程序的本地服务器（Local Host）发起对这个接口的访问时，才会通过。这个限制的代码位于 Web Monitor（见 /web-monitor/web_monitor/web_monitor.go）中：

```go
// source ip address allowed to do reload
var RELOAD_SRC_ALLOWED = map[string]bool{
    "127.0.0.1": true,
    "::1":        true,
}
```

如果从这个范围外的地址发起访问，则会返回类似下面这样的错误：

```
{
    "error": "reload is not allowed from [xxx.xxx.xxx.xxx:xxx]"
}
```

通过嵌入 Web 服务器中注册的回调函数，配置加载逻辑会执行以下逻辑。

（1）配置文件的读取。

（2）配置文件的解析和正确性检查。

（3）运行态配置信息的更新。

## 2．配置生效

在 BFE 中，程序并行处理基于 Go 语言提供的"Go 协程"。BFE 使用的是"单进程内多协程"机制，不需要考虑多进程通信，只需考虑协程间的共享数据即可。在多协程间的共享数据方面，和多线程机制类似，可以访问位于同一进程内的共享数据，并可以使用"锁"来做"互斥访问"。由于协程和线程的实现机制不同，"协程锁"的开销要远远小于"线程锁"。

在 BFE 中，从文件加载的配置信息会被保存在一个受到协程锁保护的临界区中，负责转发的协程在使用配置数据时，需要通过特定的接口从临近区中读取；配置加载逻辑在更新配置信息时，也通过特定的接口来操作。

以 mod_block 为例，其中 ProductRuleTable（见/bfe_modules/mod_block/product_rule_table.go）用于保存各租户的配置信息。为了读取配置信息，我们提供了如下接口：

```
func (t *ProductRuleTable) Search(product string) (*blockRule
List, bool) {
    t.lock.RLock()
    productRules := t.productRules
    t.lock.RUnlock()

    rules, ok := productRules[product]
    return rules, ok
}
```

为了更新配置信息，我们提供了如下接口：

```
func (t *ProductRuleTable) Update(conf productRuleConf) {
    t.lock.Lock()
    t.version = conf.Version
    t.productRules = conf.Config
    t.lock.Unlock()
}
```

以上两个接口使用读写锁来保护，并且在临界区中的操作都尽量简单，以降低对多个处理协程间并行度的影响。

# 第 8 章

# HTTPS 的优化

HTTPS 支持是七层负载均衡的关键功能，本章将对 HTTPS 研发中的相关问题进行讨论，主要包括以下 4 方面内容。

（1）HTTPS 优化背景及必要性。

（2）HTTPS 优化的挑战。

（3）HTTPS 中的优化机制。

（4）BFE 中针对 HTTPS 相关增强机制。

## 8.1　HTTPS 优化背景及必要性

伴随着互联网的飞速发展和用户规模的迅猛增长，互联网长期面临着严峻的安全威胁和数据隐私风险。围绕 HTTP 流量的黑产在非法牟利的同时，对互联网用户体验及安全隐私带来严重影响，也给互联网服务提供商的声誉和利益带来巨大影响和损失。使用 HTTP 面临的典型问题包括：

（1）**内容篡改**。用户访问的页面内容被恶意篡改，例如，搜索结果页链接被恶意修改、下载页面安装包被恶意替换、浏览页面植入大量广告等。

（2）**隐私泄露**。例如，用户网络活动的行为被嗅探、个人数据被泄露及利用、用户受到垃圾广告或诈骗电话干扰等。

（3）**流量劫持**。用户访问被劫持到钓鱼网站、用户账户信息在诱导下被窃取等。

HTTPS 相比 HTTP 在底层使用了 TLS 协议传输，并提供完整性、私密性和身份认证机制，可以保障互联网用户流量的接入安全。国内外诸多大型互联网公司已经全面支持 HTTPS。浏览器厂商、移动应用商店等生态厂商也在加速推进 HTTPS。例如：

（1）Google Chrome 浏览器在 HTTP 域名输入框前增加"不安全"的提示。Google 正推动其浏览器将 HTTPS 作为默认设置（而非 HTTP）。用户直接输入域名后，浏览器将首先尝试使用 HTTPS 来访问。

（2）Apple iOS10 ATS（APP Transport Security，应用程序传输安全）策略强制要求所有在 iOS 应用商店上架的应用都必须支持 HTTPS。

## 8.2　HTTPS 优化的挑战

对于一个中大型网站而言，全面优化 HTTPS 除了需完成网站页面 HTTPS 改造，同时还面临以下重要问题。

（1）**访问速度问题**。HTTPS 相比 HTTP 一般会额外引入 1~2 个 RTT（Round Trip Time，往返延迟）。当然，这并不包括在一些情况下用户首先访问 HTTP 再跳转到 HTTPS 的延迟，以及 HTTPS 证书状态检查所引入的延迟。在移动网络环境下，往返延迟往往更长，并且会带来更为明显的影响。

（2）**性能及成本问题**。协议握手及数据加密传输引入的密码学计算，带来不可忽视的性能开销，尤其是 TLS 握手过程中的非对称计算，是性能开销的主要来源。以 Nginx 为例，在短连接及完全握手情况下，HTTP 吞吐量是 HTTPS 吞吐量的 10 倍。

（3）**安全性问题**。正确部署及保障 HTTPS 安全性，需掌握一定的安全领域知识及最佳实践。运维人员往往容易在 HTTPS 部署时留下安全隐患，让系统无法达到业务运营所要求的安全合规标准。

（4）**可用性问题**。HTTPS 生态更为复杂，第三方 CA 成为网站稳定性的一个新依赖。同时，由于客户端的多样性，端协议的兼容性及存在的缺陷也可能导致服务访问异常。

# 8.3　HTTPS 中的优化机制

本节将对常见的 HTTPS 优化手段做简要说明。

### 1. 访问延迟优化

HTTPS 引入总延迟，其大小取决于往返延迟大小和往返交互次数。从用户访问流程角度看，HTTPS 交互延迟既包括建立安全会话的延迟，还包括从 HTTP 向 HTTPS 跳转的延迟，以及 HTTPS 证书状态检查延迟。相应地，可以通过表 8.1 中所示的多种方法来优化访问延迟。

### 2. 非对称计算性能优化

在 HTTPS 服务端的通信过程中，非对称密码学计算是性能开销的主要来源。同时，非对称密码学算法安全长度进一步增加还会加剧这个问题的严重性，例如，自 2010 年起主流 CA 已停止签发不安全的 RSA 1024 长度证书，并使用 RSA 2048 长度证书。目前，非对称计算性能的优化有多种方法，具体方法如表 8.2 所示。

表 8.1 优化访问延迟的机制

| 优 化 方 法 | 具 体 机 制 |
|---|---|
| 降低往返延迟 | 通过在边缘节点完成 TLS 握手 |
| 减少交互次数 | 通过 TLS 会话复用握手来减少交互次数，其中 TLS 1.2 需要 2 个 RTT（含 TCP 握手），而 TLS 1.3 只需 1 个 RTT（含 TCP 握手），使用 QUIC 只需 0 个 RTT |
|  | 此外，可以通过 HSTS（HTTP Strict Transport Security，HTTP 严格传输安全）机制或重定向缓存机制，优化从 HTTP 跳转到 HTTPS 的延迟；通过 OCSP Stapling（Online Certificate Status Protocol Stapling，在线证书状态协议装订）机制优化证书状态检查延迟 |
| 隐藏交互延迟 | 通过启发式预建立连接，来屏蔽建立连接延迟的影响 |

表 8.2 优化非对称计算性能的机制

| 优 化 方 法 | 具 体 机 制 |
|---|---|
| 减少非对称计算次数 | 提升连接复用率和会话复用率，以此减少通过 TLS 完成的握手次数，以及引入的非对称计算次数 |
| 优化非对称计算性能 | 通过硬件加速卡或支持密码学计算指令的 CPU，提升非对称算法计算性能 |
| 优先使用高性能算法 | 自适应优先使用 ECC（Elliptic Curve Cryptography，椭圆曲线密码学）证书而不是 RSA 证书（不具备硬件加速的场景） |

### 3．安全性评估及巡检

HTTPS 安全性风险来源于 CA 基础设施、协议及算法漏洞、HTTPS 部署配置和 HTTP 应用等。一些公开服务支持自动评估 HTTPS 站点等安全性，并提示潜在的安全漏洞。

此外，HTTPS 服务提供商需要制定并应用 HTTPS 部署最佳实践及规范，例如 SSL Labs 编写的《SSL/TLS 部署最佳实践》、NIST（National Institute of Standards and Technology，美国国家标准与技术研究院）发布的

《保护 Web 事务的安全：TLS 服务端证书管理》等。

同时，需建立关于 IITTPS 的监控机制，包括 HTTPS 证书监控、HTTPS 混合内容监控、安全 Cookie 监控、HTTPS 安全漏洞扫描等。

### 4. 稳定性风险应对

通过灰度机制及冗余机制支撑业务线去构建变更风险小、止损速度快及更稳定可靠的 HTTPS 服务，8.4 节将具体介绍相关机制（包括控制 HTTP 向 HTTPS 的灰度跳转、HTTPS 证书灰度更新等）。

## 8.4　BFE 中 HTTPS 相关增强机制

BFE 可以支持 TLS 卸载（TLS Offloading），将收到的加密的 HTTPS 流量进行解密，再转发给后端服务，如图 8.1 所示。

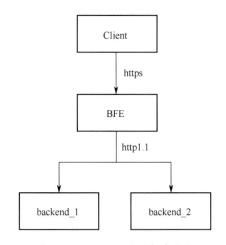

图 8.1　HTTPS 流量的解密转发

为更好适应大型站点的需求，相比常见开源方案，BFE 进行了一些针对性改进，本节会针对一些差异化机制做简要介绍。

### 1. 分布式 TLS 会话缓存

BFE 支持将 TLS 会话状态存储在分布式缓存集群中。客户端与 BFE 集群中任一实例连接后，可基于会话标识完成会话复用握手，从而提升在集群部署模式下的 TLS 会话复用率。

### 2. TLS 会话状态格式

在分布式 TLS 会话缓存中，存储的会话状态可以采用两种格式：原始格式和 OpenSSL 格式。如果是 BFE 新用户，可优先使用原始格式，这种格式更紧凑，可降低分布式缓存的存储开销；如果需要替换基于 OpenSSL 的反向代理，可以配置 OpenSSL 格式，这样的话，两种程序可兼容读取对方保存的会话状态，实现平滑迁移而不影响会话复用握手。

### 3. 会话票证密钥更新

如果会话票证密钥泄露，那么将无法保障前向安全性。对于基于会话票证实现会话复用的连接，如果恶意攻击者预先录制流量，并使用泄露的会话票证密钥，那么就可以成功计算出会话密钥并解密还原出明文信息。

为了避免以上问题出现，我们应定期更新会话票证密钥文件。BFE 支持热加载并更新会话票证密钥，无须进程热重启，这可以避免长连接中断。

### 4. OCSP Staple 的自适应容错

OCSP Staple 文件具有一定的有效性，如果握手过程中服务端意外发送了一个过期的 OCSP Staple 文件，可能会导致握手失败。在一个大规模的分布式集群环境中，出于流程原因或机制不健壮而导致 OCSP Staple 未及时成功更新或遗漏更新，这样的情况并不罕见。

BFE 支持自适应处理即将过期的 OCSP Staple 文件。在 OCSP Staple 即将过期时，BFE 将自动降级并停止发送 OCSP Staple 文件，消除潜在的握手失败影响。

### 5. 非对称密码学计算优化

非对称密钥算法在 TLS 握手过程中一般用于身份认证及密钥交换。目前主流的非对称密钥算法包含 RSA/ECC。由于 CA 根证书存在兼容性问题，RSA 类型的证书依然是目前最广泛使用的证书。目前 RSA 算法建议的安全长度是 2048，相比安全强度更高的 ECC 算法，RSA 算法的性能开销要远大于 ECC。

如果用户流量全部来自移动端，或者握手报文满足特定特征，可通过选择 ECC 类型的证书及私钥来减少非对称密码学计算引入的性能开销。

如果用户流量来自大量低端客户端，则需要使用 RSA 类型证书及私钥以保证兼容性。通过使用支持 RSA 算法的硬件加速卡，可以大幅降低 RSA 计算引入的性能开销。

基于硬件加速的方案一般有以下两种类型。

（1）**同机模式**。同机部署支持 RSA 加速的 CPU，或者部署 RSA 硬件加速扩展卡。

（2）**远程模式**。远程访问具备 RSA 硬件加速条件的非对称计算服务。

远程模式相比同级模式，其优势如下。

（1）不必全面升级现有的转发机器，降级了升级周期及成本。

（2）可以灵活适配 BFE 转发机器的计算需求，避免硬件加速卡的资源浪费（注意，这里基于硬件加速卡）。

（3）可以为密钥提供集中式并基于硬件的安全保护机制（注意，这里基于 CPU 特殊指令）。

由于远程硬件加速服务的可用性难以达到 100%，为避免远程硬件加速服务降低 BFE 整体可用性，在访问远程硬件加速卡时，如果出现偶发异常，可以通过自动降级并使用本地计算来消除影响。

### 6. 多证书选择

在多租户的环境中，需要为不同的租户使用不同的证书。同一个租户出于业务原因（例如出于品牌考虑），也可能使用了多个证书。

在实际部署中，BFE 为不同租户提供了不同的 VIP（Virtual IP，虚拟IP），可以为不同的 VIP 配置不同的证书。

### 7. 内存安全问题

Google 工程师做过一个统计：现在对于 Chrome 代码库中所有严重的安全漏洞，有 70%都是内存管理方面的安全漏洞。微软工程师也宣称，在微软过去 12 年的安全更新中，大概 70%的更新都是在解决内存安全漏洞。OpenSSL 著名的心脏出血漏洞（Heatbleed Bug）被称为互联网史上最严重的安全漏洞——由于内存信息越界访问导致内存中敏感信息泄露，波及了大量常用网站和服务。

受益于 Go 语言内置内存安全特性，BFE 可以避免常见的 C 语言缓冲区溢出内存问题所引发的安全问题。

### 8. TLS 安全等级

正确配置服务的各项 TLS/SSL 参数（协议版本、加密套件）要求运维人员对 TLS/SSL 安全有较深入的理解。为降低管理员因误配置而引入部署安全风险，BFE 提供了 4 种 TLS 安全等级，具体如表 8.3 所示。不同安全等级下 BFE 所支持的 TLS 协议版本及加密套件是不同的。

表 8.3　BFE 提供的 4 种 TLS 安全等级

| 安全等级 | 说　明 |
| --- | --- |
| 等级 A+ | 安全性最高、兼容性最低 |
| 等级 A | 安全性较高、兼容性一般 |
| 等级 B | 安全性一般、兼容性较高 |
| 等级 C | 安全性最低、兼容性最高 |

相应地，不同安全等级具有不同的安全性及兼容性，适用于不同的业务场景，例如，安全等级 A+仅支持 TLS 1.2 及以上版本，以及安全强度更高的加密套件，也适用于要求 PCI DSS（Payment Card Industry Data Security Standard，支付卡行业数据安全标准）级别安全合规的业务场景，例如金融支付业务。

各安全等级的协议和加密套件的详细定义，见第 12 章 12.4 节中的介绍。

### 9. 密钥安全存储

使用硬件安全模块（Hardware Security Module，HSM）在硬件内部创建及保存私钥是最安全的方案。这种方案中涉及与私钥相关的计算操作，由 HSM 硬件直接完成。私钥永远无法脱离 HSM，也无法通过物理方式来提取。

在不具备能使用硬件的场景中，可以通过密钥进行加密保护并定期更换密钥，在一定程度上控制了密钥泄露的风险及影响。

### 10. TLS/SSL JA3 指纹

BFE 支持根据 ClientHello 消息中的特征，计算 TLS/SSL 客户端的指纹。BFE 采用了 JA3 算法，可简单高效地识别客户端程序，并与业务层联动进行反爬取或反作弊。

在 BFE 中，可以通过 mod_header 模块，在请求头中携带 JA3 指纹并传递给下游，具体用法可参见第 6 章 6.3 节"BFE 信息透传"的相关说明。

### 11．TLS/SSL 可见性

HTTPS 优化给旁路式流量攻击检测及复杂网络问题诊断带来了挑战。旁路式流量攻击检测系统由于无法处理密文流量，将无法有效工作。另外，研发或运维人员有时依赖通过密文形式的网络抓包文件进行解密和分析。BFE 可与旁路式流量攻击检测系统配合，通过安全共享会话密钥支撑其实现传输层、安全层、应用层等攻击特征分析。

同时，在 BFE 还可选择性将 TLS 会话主密钥写入 key.log 日志文件中，并供 Wireshark 软件分析加密网络报文。

### 12．HTTP 灰度跳转 HTTPS

由于 HTTPS 改造的复杂性，从 HTTP 迁移到 HTTPS 需要一套灵活的灰度机制来控制跳转。BFE 支持实现细粒度的策略，如区分域名、客户端、用户地域等，因此可以设置灰度跳转策略。

### 13．证书灰度更新

证书灰度更新是一个高风险操作，证书链配置错误、证书链中级 CA 证书发生变化、证书中缺少必要扩展、证书格式不规范等，都可能触发兼容性问题，并导致证书更新后部分用户访问异常。可靠控制变更风险、快速发现潜在问题等能力，对普通运维人员而言不可或缺。

BFE 支持按用户抽样灰度更新证书，并支持实时统计新旧证书握手成功率变化，这样可以快速拦截在小流量阶段，不必通过总流量波动去发现异常。

### 14. 多 CA 证书互备

CA 成为 HTTPS 网站稳定性风险的一个新来源。CA 厂商的选型是一个关键问题。除了考量 CA 厂商的证书成本，还需考量 CA 厂商的根证书兼容性、OCSP 服务稳定性、安全合规历史记录，以及是否是核心主营业务等。

随着 HTTPS 大规模普及推广，近年来主流 CA 厂商引发的 HTTPS 重大故障并不罕见。例如，2016 年 GlobalSign 由于 OCSP 服务故障影响了多个知名大型网站；2018 年全球最大的 CA 厂商 VeriSign 由于安全违规，Chrome/Firefox/Safari 等浏览器开始停止信任 Symantec 签发证书。

HTTPS 站点在有条件的情况下可以通过签发多个 CA 厂商的证书实现冗余互备。当某个 CA 厂商证书的访问连通率异常时，可以快速切换、迁移至其他 CA 证书进行止损。

BFE 是一个在大规模环境中已经过验证的七层负载均衡软件，只要按照本篇介绍的内容来部署和进行简单配置，就可以将 BFE 用于正式的生产环境。比较有经验的读者还可以尝试配置实例级别或子集群级别的负载均衡和会话保持，开启 HTTPS、HTTP/2，使用重写（rewrite）、重定向（redirect）、限流等功能。

# 第 9 章

# BFE 服务的安装部署

本章将对 BFE 的下载安装方式进行具体介绍，以帮助读者了解如何运行 BFE 服务。

BFE 支持多种安装方式，本章将介绍以下 3 种方式。

（1）软件安装包下载安装。

（2）源代码编译方式安装。

（3）Docker 方式安装。

## 9.1 软件安装包下载安装

### 1. 获取 BFE 软件安装包

BFE 软件安装包可以直接从 GitHub 官网的 BFE 项目页面中下载，对于不同的操作系统（Linux/macOS/Windows），页面上都提供了相应的软件安装包。下载地址见链接 9.1[1]，读者可根据操作系统类型，选择所需的软件

---

注1：读者可扫描封底"读者服务"二维码获取书中链接。

版本。

## 2. 下载 BFE 软件安装包

以 Linux 操作系统为例，下载 BFE 1.0.0 版本。

（1）在下载页面中，找到"BFEv1.0.0"，点击并展开"Asserts"，如图 9.1 所示。

| | |
|---|---|
| ▾ Assets 7 | |
| ⬡ bfe_1.0.0_checksums.txt | 383 Bytes |
| ⬡ bfe_1.0.0_darwin_amd64.tar.gz | 7.03 MB |
| ⬡ bfe_1.0.0_linux_amd64.tar.gz | 6.18 MB |
| ⬡ bfe_1.0.0_linux_arm64.tar.gz | 5.63 MB |
| ⬡ bfe_1.0.0_windows_amd64.tar.gz | 6.15 MB |
| ▧ Source code (zip) | |
| ▧ Source code (tar.gz) | |

图 9.1　BFE 软件安装包下载页面

（2）点击并下载名为"bfe_1.0.0_linux_amd64.tar.gz"的压缩包。

## 3. BFE 软件安装包中的内容

解压下载的文件 bfe_1.0.0_linux_amd64.tar.gz。

```
sh-4.2# tar zxf bfe_1.0.0_linux_amd64.tar.gz
sh-4.2#
sh-4.2# cd bfe_1.0.0_linux_amd64
sh-4.2#
sh-4.2# ls
CHANGELOG.md    LICENSE README.md   bin conf
```

其中，文件包括了两个主要目录。

（1）/bin。该目录中包含可执行程序 bfe。

```
sh-4.2$ ls bin
bfe
```

（2）/conf。该目录中包含了 bfe 的配置文件，其中，bfe.conf 为 BFE 的主配置文件。

```
sh-4.2$ ls conf
bfe.conf mod_block mod_header mod_static    server_data_conf
cluster_conf mod_compress mod_key_log mod_tag tls_conf
mod_access mod_cors mod_markdown    mod_trace
mod_auth_basic mod_doh mod_prison mod_trust_clientip
mod_auth_jwt mod_errors mod_redirect mod_userid
mod_auth_request    mod_geo mod_rewrite mod_waf
```

### 4．运行 BFE 服务

执行如下命令，在系统后台启动一个 BFE 实例，该实例使用了默认配置启动。

```
sh-4.2# cd bin
sh-4.2# ./bfe -c ../conf -l ../log &
[1] 31024
```

检查端口 8080，可以发现已经处于 listen 状态。

```
sh-4.2$ ss -nltp | grep 8080
0  2048  *:8080   *:*     users:(("bfe",31024,10))
```

### 5．停止 BFE 服务

如果需要停止 BFE 服务，直接执行 kill 命令。

```
sh-4.2$ kill 31024
sh-4.2$
[1]+  Done                    ./bfe -c ../conf -l ../log
```

### 6. 在 macOs 或 Windows 中下载安装 BFE

在 macOS 或 Windows 中下载安装 BFE，与 Linux 下的安装过程相似，在下载页面中下载对应操作系统版本的 BFE 软件安装包后，就可以启动 BFE 服务。

## 9.2 源代码编译方式安装

BFE 源代码完全在 GitHub 上开源，用户也可以通过自行编译源代码的方式进行适配安装。

### 1. 环境准备

使用源代码编译安装方式，环境中需要具备 Go 语言环境和 git。对它们的版本要求如下。

（1）golang 1.13+。

（2）git 2.0+。

### 2. Go 语言环境准备

下载地址见链接 9.2 或链接 9.3。

在下载页面中，用户可以根据所使用的操作系统环境，下载相应的版本，下载后，按照链接 9.4 或链接 9.5 的说明，进行安装。

### 3. git 安装

用户需要安装 git 命令，具体安装细节本节不再赘述。

### 4. BFE 源代码下载

通过 git clone 命令，下载 BFE 源代码。

```
$ git clone https://github.com/bfenetworks/bfe
```

### 5. BFE 源代码编译

进入目录 bfe，执行 make 命令，编译 BFE 源代码。

```
$ cd bfe
$ make
```

需注意，如果遇到超时错误 https fetch: Get ... connect: connection timed out，请设置 GO_PROXY 代理后重试。

### 6. 运行 BFE

编译完成后，可执行目录 output/bin/ 下的目标文件。

```
$ file output/bin/bfe
output/bin/bfe: ELF 64-bit LSB executable, ...
```

执行如下命令，运行 BFE 服务。

```
$ cd output/bin/
$ ./bfe -c ../conf -l ../log
```

## 9.3 Docker 方式安装

BFE 也提供了基于 Docker 的容器镜像，可以方便地通过 Docker 进行安装部署，BFE 的容器镜像可以在 Docker Hub 中找到，详见链接 9.6。

### 1. Docker 环境设置

参考 docker.com，设置系统的 Docker 环境。

### 2. 运行 BFE 容器

执行以下命令可以启动一个 BFE 容器。

```
# docker run -d -p 8080:8080 -p 8443:8443 -p 8421:8421 bfenetworks/bfe
[sh-3.2$ docker run -d -p 8080:8080 -p 8443:8443 -p 8421:8421 bfenetworks/bfe
Unable to find image 'bfenetworks/bfe:latest' locally
latest: Pulling from bfenetworks/bfe
21c83c524219: Pull complete
dd797bab7ecd: Pull complete
fe31021e23c9: Pull complete
a3df6933411b: Pull complete
Digest: sha256:d1887721db70fa2aff5088dc8068c60f762e334aca7d5d335bcd36fb6434baec
Status: Downloaded newer image for bfenetworks/bfe:latest
7e15304bb972820c2f2703221a8fb4c9e019ac4ed39cedf9c405a2ae3f5da078
```

上述命令将运行一个 BFE 容器，同时把 BFE 容器中的三个默认端口映射到本地。

查看容器的运行状态，可以看到容器 id 为 7e15304bb972。

```
sh-3.2$ docker ps -a
CONTAINER ID        IMAGE             COMMAND               CREATED         STATUS          PORTS
                                                            NAMES
7e15304bb972        bfenetworks/bfe   "./bfe -c ../conf/ -…"  3 minutes ago   Up 3 minutes    0.0.0.0:8080->8080/tc
p, 0.0.0.0:8421->8421/tcp, 0.0.0.0:8443->8443/tcp  funny_swirles
```

如果要停止运行容器，可以执行以下命令。

```
sh-3.2$ docker stop 7e15304bb972
7e15304bb972
sh-3.2$
sh-3.2$ docker ps -a
CONTAINER ID        IMAGE             COMMAND               CREATED         STATUS              PORTS
                                                            NAMES
7e15304bb972        bfenetworks/bfe   "./bfe -c ../conf/ -…"  6 minutes ago   Exited (0) 5 seconds ago
                    funny_swirles
```

# 9.4 BFE 命令行参数

在 9.1 节和 9.2 节中，我们使用了最常用的命令行参数-c 和-l，BFE 支持的命令行参数如表 9.1 所示。

表 9.1 BFE 的命令行参数

| 选　　项 | 说　　明 |
|---|---|
| -c <config dir> | 配置文件的根目录，默认路径./conf |
| -l <log dir> | 日志文件的根目录，默认路径./log |
| -s | 打印 log 到 stdout |
| -d | 打印 debug 日志 |
| -v | 显示 BFE 版本号 |
| -V | 显示与 BFE 版本相关的详细信息 |
| -h | 显示帮助 |

## 9.5　查看 BFE 服务的运行状态

BFE 提供了接口，可以通过该接口查看服务运行的各种状态数据，端口默认为 8421。用户可以直接使用浏览器访问该端口，如图 9.2 所示。

图 9.2　查看 BFE 服务的运行状态

# 第 10 章

# BFE 服务的基础配置

第 9 章对如何下载和运行 BFE 进行了介绍，并用软件安装包中的默认配置运行了 BFE 程序。本章将对 BFE 的配置做进一步介绍，我们通过一个简单的负载均衡例子，说明如何基于 BFE 配置一个基础的负载均衡系统。

## 10.1 场景说明

对于负载均衡，其基本能力就是将客户端的请求转发到一组后端服务实例上。在 BFE 的概念中，相同功能的后端服务定义为一个集群。下面我们通过一个简单的例子，展示如何通过配置 BFE，将其转发到后端集群上。

现在有一个域名为 example.org 的网站，它的后端有三台服务器（即三个实例）：instance-1、instance-2 和 instance-3，现在需要通过 BFE 将 HTTP 请求转发到三台服务器上，如图 10.1 所示。

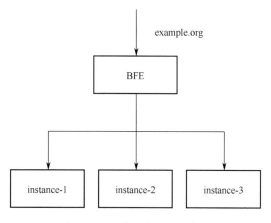

图 10.1　流量转发给三个实例

在后续配置中，三个实例将定义在同一个集群 ClusterA 和子集群 subCluster1 中，如图 10.2 所示。

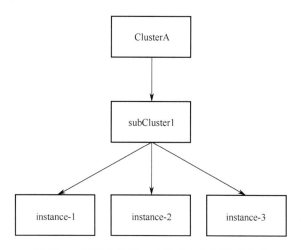

图 10.2　例子中集群、子集群和实例间的关系

## 10.2　修改基础配置文件

bfe.conf 包含了 BFE 的基础配置，读者如果想了解配置文件，可以从这

个文件入手。该配置文件包含大量配置选项，具体含义将在后面章节中进行介绍。

在 bfe.conf 中可以查看默认端口配置，用户可以根据需要，修改监听的端口。

```
[Server]
# listen port for http request
HttpPort = 8080
# listen port for https request
HttpsPort = 8443
# listen port for monitor request
MonitorPort = 8421
```

## 10.3  转发的配置

在确定基础配置文件 bfe.conf 后，用户可以设置与转发相关的配置。本节，我们首先介绍转发配置的流程，然后给出一个转发配置的具体案例。

### 10.3.1  转发配置流程

转发配置流程如图 10.3 所示，主要步骤介绍如下。

第一步：配置域名：配置需要处理的域名，这也用于区分租户/产品线。

第二步：配置转发规则：定义消息到后端集群的转发/映射规则，即按什么规则将消息转发到某个后端集群中。

第三步：配置后端集群属性：设置后端集群的一些参数，比如，后端建立连接的属性、健康检查方式等。

第四步：配置后端集群实例：配置后端集群实例和权重信息，包括子集群的权重、子集群中的实例的权重等。

图 10.3　转发配置流程

## 10.3.2　具体案例

本节以添加一个租户 example_product 为例，详细描述如何为该租户创建相关配置。

### 1. 产品线域名配置 host_rule.data

conf/server_data_conf/host_rule.data 是 BFE 的产品线域名配置文件。

host_rule.data 中的 HostTags 字段定义了租户信息，我们添加一个名为 example_product 的租户；租户下可以定义多个域名的 tag；字段 Hosts 定义了该 tag 包含的域名。例子中的 tag：exampleTag 包含了需要支持的域名 example.org，文件中的 tag 由用户自行指定。

该配置文件的示例如下：

```
{
    "Version": "1",
    "DefaultProduct": null,
    "Hosts": {
        "exampleTag":[
            "example.org"
        ]
    },
    "HostTags": {
        "example_product":[
            "exampleTag"
        ]
    }
}
```

### 2. 转发规则配置 route_rule.data

conf/server_data_conf/route_rule.data 是 BFE 的分流配置文件。

本例中将定义一个后端集群 cluster_A，它将代表后端服务的集群。以下示例中，Cond 使用了条件原语 req_host_in()，将请求头的 Host 域为 example.org 的消息，发送到后端集群 cluster_A 中。

```
{
    "Version": "1",
    "ProductRule": {
        "example_product": [
            {
                "Cond": "req_host_in(\"example.org\")",
                "ClusterName": "cluster_A"
            },
```

```
        {
            "Cond": "default_t()",
            "ClusterName": "cluster_default"
        }
    ]
}
}
```

### 3. 后端集群配置 cluster_conf.data

conf/server_data_conf/cluster_conf.data 是后端集群的配置文件，包含了后端集群 cluster_A 的相关配置，具体包括：后端基础配置、健康检查配置、GSLB 基础配置和集群基础配置。

在本例中，可以使用以下配置：

```
{
    "Version": "1",
    "Config": {
        "cluster_A": {
            "BackendConf": {
                "TimeoutConnSrv": 2000,
                "TimeoutResponseHeader": 50000,
                "MaxIdleConnsPerHost": 0,
                "RetryLevel": 0
            },
            "CheckConf": {
                "Schem": "http",
                "Uri": "/",
                "Host": "example.org",
                "StatusCode": 200,
                "FailNum": 10,
                "CheckInterval": 1000
```

```
        },
        "GslbBasic": {
            "CrossRetry": 0,
            "RetryMax": 2,
            "HashConf": {
                "HashStrategy": 0,
                "HashHeader": "Cookie:UID",
                "SessionSticky": false
            }
        },
        "ClusterBasic": {
            "TimeoutReadClient": 30000,
            "TimeoutWriteClient": 60000,
            "TimeoutReadClientAgain": 30000,
        }
    }
}
```

cluster_conf.data 中的配置项较多，各个项的具体描述如下。

（1）后端基础配置 BackendConf，见表 10.1 中的说明。

表 10.1　BackendConf 中的配置项说明

| 配　置　项 | 描　　　述 |
| --- | --- |
| BackendConf.TimeoutConnSrv | Integer<br>连接后端的超时时间，单位是 ms<br>默认值 2 |
| BackendConf.TimeoutResponseHeader | Integer<br>从后端读响应头的超时时间，单位是 ms<br>默认值 60 |
| BackendConf.MaxIdleConnsPerHost | Integer<br>BFE 实例与每个后端的最大空闲长连接数<br>默认值 2 |

| 配　置　项 | 描　述 |
| --- | --- |
| BackendConf.MaxConnsPerHost | Integer<br>BFE 实例与每个后端的最大长连接数，0 代表无限制<br>默认值 0 |
| BackendConf.RetryLevel | Integer<br>请求重试级别<br>0：连接后端失败时，进行重试<br>1：连接后端失败及转发 GET 请求失败时，均进行重试<br>默认值 0 |

（2）健康检查配置 CheckConf，见表 10.2 中的说明。

表 10.2　CheckConf 中的配置项说明

| 配　置　项 | 描　述 |
| --- | --- |
| CheckConf.Schem | String<br>健康检查协议，支持 HTTP 和 TCP<br>默认值 HTTP |
| CheckConf.Uri | String<br>健康检查请求 URI（Uniform Resource Identifier，统一资源标志符）（仅 HTTP）<br>默认值 /health_check |
| CheckConf.Host | String<br>健康检查请求 HOST（仅 HTTP）<br>默认值 "" |
| CheckConf.StatusCode | Integer<br>期待返回的响应状态码（仅 HTTP）<br>默认值 0，代表任意状态码 |
| CheckConf.FailNum | Integer<br>健康检查启动阈值（转发请求连续失败 FailNum 次后，将后端实例设置为不可用状态，并启动健康检查）<br>默认值 5 |
| CheckConf.SuccNum | Integer<br>健康检查成功阈值（健康检查连续成功 SuccNum 次后，将后端实例设置为可用状态）<br>默认值 1 |

续表

| 配　置　项 | 描　　述 |
| --- | --- |
| CheckConf.CheckTimeout | Integer |
| | 健康检查的超时时间，单位是 ms |
| | 默认值 0（无超时） |
| CheckConf.CheckInterval | Integer |
| | 健康检查的间隔时间，单位是 ms |
| | 默认值 1 |

（3）GSLB 基础配置 GslbBasic，见表 10.3 中的说明。

表 10.3　GslbBasic 中的配置项说明

| 配　置　项 | 描　　述 |
| --- | --- |
| GslbBasic.CrossRetry | Integer |
| | 跨子集群最大重试次数 |
| | 默认值 0 |
| GslbBasic.RetryMax | Integer |
| | 子集群内最大重试次数 |
| | 默认值 2 |

### 4．子集群负载均衡配置 gslb.data

该文件描述了一个集群所包含的子集群的权重。在上述例子中，我们只需要为集群 cluster_A 定义一个子集群 subCluster1，权重为 100 即可。

```
{
    "Clusters": {
        "cluster_A": {
            "GSLB_BLACKHOLE": 0,
            "subCluster1": 100
        }
    },
    "Hostname": "",
```

```
    "Ts": "0"
}
```

## 5. 实例负载均衡配置 cluster_table.data

该文件描述了子集群中的实例的信息，实例的子集群 subCluster1 会包含后端的三个实例 instance-1、instance-2 和 instance-3，同时还指定了每个实例的 IP 地址。

```
{
    "Config": {
        "cluster_A": {
            "subCluster1": [
                {
                    "Addr": "192.168.2.1",
                    "Name": "instance-1",
                    "Port": 8080,
                    "Weight": 10
                },
                {
                    "Addr": "192.168.2.2",
                    "Name": "instance-2",
                    "Port": 8080,
                    "Weight": 10
                },
                {
                    "Addr": "192.168.2.3",
                    "Name": "instance-3",
                    "Port": 8080,
                    "Weight": 10
                }
            ]
        }
```

```
    },
    "Version": "1"
}
```

完成上述配置后，重新启动 BFE 实例，让配置生效。

### 10.3.3　服务访问验证

在客户端使用 curl 命令，访问 BFE 的地址和端口，可以看到请求被转发到了后端服务器实例。

需注意，curl 命令需要通过参数 -H "Host: example.org"，指定请求头中的 Host 字段，否则会收到 500 错误。

### 10.3.4　配置的重新加载

以上配置修改后，也可以通过动态方式重新加载配置。BFE 的配置大致可分为两部分：常规配置和动态配置。对于常规配置，比如 bfe.conf，如果要重新加载，需要重启 BFE 进程，新配置才能生效。

对于动态配置，可以通过访问监控端口（端口号默认为 8421）来触发配置文件的重新读取，而无须重启 BFE 进程，因而对服务无影响。具体可参考第 7 章 7.4 节"配置管理"中的说明。

# 第 11 章

# 配置负载均衡算法及会话保持

在配置负载均衡系统时，其中重要的参数就是如何配置负载均衡的算法，这决定了负载均衡系统如何将消息转发到后端的实例。

对 BFE 来说，一个后端集群可能包含多个子集群，子集群又可能包含多个实例。所以，负载均衡算法是在两层上生效的：子集群级别和实例级别。

本章主要介绍以下 4 方面内容。

（1）如何配置子集群间的负载均衡。

（2）如何配置子集群级别的会话保持。

（3）如何配置实例间的负载均衡。

（4）如何配置实例级别的会话保持。

## 11.1 子集群间的负载均衡

对于后端服务的一个集群，我们可以设置其所包含的子集群的权重。BFE 会按子集群所设置的权重，将请求的消息分配到子集群。

子集群间的负载均衡使用哈希算法，再根据子集群的权重对消息按比例进行分配，默认用源 IP 进行哈希计算。

基于第 10 章的例子，我们为后端服务的集群 A 进行扩容，增加一个子集群 subCluster2，现在 clusterA 包含两个子集群 subCluster1 和 subCluster2。由于两个子集群的处理能力不同，我们分别为其设置不同的流量比例，如图 11.1 所示。

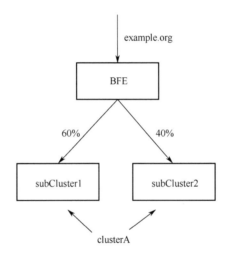

图 11.1 子集群间的负载均衡

子集群的流量比例可以在 conf/cluster_conf/gslb.data 中指定。下面给出该配置文件的内容，我们可以分别为两个子集群指定权重值，以支持上面的流量分配。

```
{
    "Clusters": {
        "clusterA": {
            "GSLB_BLACKHOLE": 0,
            "subCluster1": 60,
            "subCluster2": 40,
        }
    }
}
```

## 11.2　子集群级别的会话保持

对于子集群间的流量分配，首先 BFE 根据请求消息中的字段（如 IP 地址、消息头等）进行哈希计算，然后按照配置的权重选择转发的后端。哈希计算可以保证携带相同信息的消息被分配到相同的子集群，也就实现了子集群级别的会话保持。

当然，由于实现的方式是基于哈希计算的，所以，当子集群的数量发生变化时，会话保持会受到一定影响，这个需要注意。

会话保持可以基于请求的源 IP 地址或请求头中的特定域，具体使用哪种方式，可以通过配置文件来设置。

### 11.2.1　配置实例

在 conf/server_data_conf/cluster_conf.data 中，修改配置文件中的 HashConf 字段，并设置子集群会话保持的属性。

在以下实例中，BFE 将使用请求中名为 UID 的 Cookie 进行哈希计算。

Cookie 的形式为：

```
Cookie: UID=12345
```

配置的实例展示如下：

```
{
    "config": {
        ...
```

```
"cluster_example": {
    ...
    "GslbBasic": {
        ...
        "HashConf": {
            "HashStrategy": 0,
            "HashHeader": "Cookie:UID",
            "SessionSticky":false
        }
    }
}
}
```

## 11.2.2　参数的具体含义

HashConf 中字段的具体含义介绍如下。

（1）HashStrategy：设置会话保持中使用的策略，具体策略如下。

a. 0，指使用请求头中的域做会话保持，域的名字由 HashHeader 指定。

b. 1，指使用请求的源 IP 地址做会话保持。

c. 2，指优先使用 Header，如果该 Header 不存在，则使用源 IP 地址。

（2）HashHeader：当使用 Header 中的域进行会话保持时，该参数指定了 Header 中域的名字，如在上面实例中，Cookie:UID 指定使用名为 UID 的 Cookie 做会话保持。

（3）SessionSticky：是否开启实例级别的会话保持。

## 11.3  实例间的负载均衡

在一个子集群内部，我们可以定义多个实例。如何将这个子集群上的流量分配到这些实例当中，这就涉及实例间的负载均衡问题。

子集群的实例间的负载均衡算法支持平滑加权轮询和最少连接数。

### 11.3.1  加权轮询配置示例

加权轮询是实例间负载均衡的默认配置。在使用这种方式时，用户只需要设置实例的权重即可。基于前面介绍的子集群负载均衡的例子，我们为两个子集群中的实例设置不同的权重，以此支持如图 11.2 所示的流量转发。

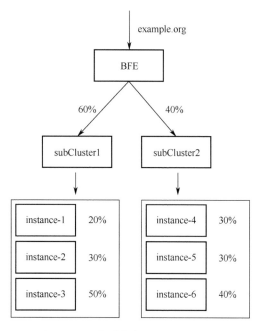

图 11.2  子集群内实例间的加权轮询

如前面提到的，实例的权重配置文件为 conf/cluster_conf/cluster_table.data，上述场景的配置如下：

```
{
    "Config": {
        "cluster_A": {
            "subCluster1": [
                {
                    "Addr": "192.168.2.1",
                    "Name": "instance-1",
                    "Port": 8080,
                    "Weight": 2
                },
                {
                    "Addr": "192.168.2.2",
                    "Name": "instance-2",
                    "Port": 8080,
                    "Weight": 3
                },
                {
                    "Addr": "192.168.2.3",
                    "Name": "instance-3",
                    "Port": 8080,
                    "Weight": 5
                }
            ],
            "subCluster2": [
                {
                    "Addr": "192.168.3.1",
                    "Name": "instance-4",
                    "Port": 8080,
                    "Weight": 3
                },
```

```
            {
                "Addr": "192.168.3.2",
                "Name": "instance-5",
                "Port": 8080,
                "Weight": 3
            },
            {
                "Addr": "192.168.3.3",
                "Name": "instance-6",
                "Port": 8080,
                "Weight": 4
            }
        ]
    }
    },
    "Version": "1"
}
```

## 11.3.2　最小连接数的配置示例

如果需要在子集群的实例间使用最小连接数的负载均衡算法，修改 conf/server_data_conf/cluster_conf.data 中的 BalanceMode 字段即可，具体如下：

```
{
    "config": {
        ...
        "cluster_example": {
            ...
            "GslbBasic": {
                ...
```

```
            "BalanceMode": "WLC",
            ...
        }
    }
  }
}
```

修改上述配置项，后端请求会被转发到子集群中连接数最小的实例上。

## 11.4　实例级别的会话保持

我们可以设置会话保持到后端实例，即修改配置，将 conf/server_data_conf/cluster_conf.data 中的 SessionSticky 变为 true。

```
"GslbBasic": {
    ...
    "HashConf": {
        "HashStrategy": 0,
        "HashHeader": "Cookie:UID",
        "SessionSticky":true
    }
```

当开启该功能时，BFE 会使用焊锡方式，计算得到子集群中的后端实例。这样，相同 UID 的消息总能通过哈希得到相同的后端，从而实现了会话保持功能。

这里也会出现同样的问题：如果后端实例列表发生变化，会话会转移到其他实例上。

# 第 12 章

# 配置 HTTPS 和更多协议

本章介绍如何设置 BFE 来支持 HTTPS 及更多协议，主要内容如下。

（1）如何设置 HTTPS 的基础配置，包括 HTTPS 端口、加密套件、服务端证书和 TLS 规则等。

（2）如何配置 TLS 会话重用。

（3）如何配置 TLS 双向认证。

（4）BFE 对不同安全等级的区分。

（5）如何支持更多协议。

## 12.1 设置 HTTPS 基础配置

HTTPS 基础配置包括 HTTPS 端口、加密套件、服务端证书和 TLS 规则等。注意，使用 HTTPS 需要配置相应的证书文件，需提前准备好证书文件。

## 12.1.1　配置 HTTPS 端口

在 bfe.conf 中可以配置 HTTPS 的端口：

```
[Server]
...

# listen port for https request
HttpsPort = 8443
```

## 12.1.2　配置加密套件

bfe.conf 中包含了如下加密套件，用户可以根据需要进行修改。这部分定义了 TLS 握手中支持的加密套件。

```
CipherSuites=TLS_ECDHE_RSA_WITH_AES_128_GCM_SHA256|TLS_ECDHE_RSA
_WITH_CHACHA20_POLY1305_SHA256
CipherSuites=TLS_ECDHE_RSA_WITH_RC4_128_SHA
CipherSuites=TLS_ECDHE_RSA_WITH_AES_128_CBC_SHA
CipherSuites=TLS_ECDHE_RSA_WITH_AES_256_CBC_SHA
CipherSuites=TLS_RSA_WITH_RC4_128_SHA
CipherSuites=TLS_RSA_WITH_AES_128_CBC_SHA
CipherSuites=TLS_RSA_WITH_AES_256_CBC_SHA
```

## 12.1.3　配置服务端证书

bfe.conf 中也包含了服务端证书的配置文件的路径，可以直接使用默认配置。

```
ServerCertConf = tls_conf/server_cert_conf.data
```

打开服务端证书配置文件 tls_conf/server_cert_conf.data，可以看到如下证书信息。

```
{
    "Version": "1",
    "Config": {
        "Default": "example.org.cert",
        "CertConf": {
            "example.org.cert": {
                "ServerCertFile": "tls_conf/certs/server.crt",
                "ServerKeyFile" : "tls_conf/certs/server.key"
            }
        }
    }
}
```

这个配置文件包含了服务端证书的信息，其中 Default 字段指示了服务端的默认证书，CertConf 中包含了证书文件的具体内容。上面的例子中，配置了一个名为 example.org.cert 的证书。CertConf 中可以包含多个证书，分别用不同的名字进行标识。每个证书的定义都包含 ServerCertFile 和 ServerKeyFile 两个字段，分别指示服务端证书文件和对应的私钥文件。

证书名字，如上面例子中的 example.org.cert，将在后续的 tls_rule_ conf.data 配置中被使用。

## 12.1.4　配置 TLS 规则

准备好证书之后，需要设置 TLS 规则，比如如何选择证书。bfe.conf 包含了 TLS 规则文件的路径：

```
TlsRuleConf = tls_conf/tls_rule_conf.data
```

下面的示例是我们为租户 example_product 配置的规则。

```
{
    "Version": "1",
    "DefaultNextProtos": ["http/1.1"],
    "Config": {
        "example_product": {
            "VipConf": [],
            "SniConf": "example.org",
            "CertName": "example.org.cert",
            "NextProtos": [
                "http/1.1"
            ],
            "Grade": "C"
        }
    }
}
```

其中，SniConf 指示了使用 SNI（Server Name Indication，服务器名称指示）的域名；NextProtos 标识了 ALPN（Application Layer Protocol Negotiation，应用层协议协商）中使用的协议；安全等级 Grade 定义了 TLS 协商中服务端可以使用的加密套件的等级，具体描述见第 12 章 12.4 节中的介绍。

上述配置完成后，重启 BFE 让配置生效，就可以通过 HTTPS 访问配置的 HTTPS 端口。

## 12.2  配置 TLS 会话重用

BFE 支持使用两种 TLS 会话重用方式：会话缓存和会话票证（Session Ticket）。

## 12.2.1 配置会话缓存

BFE 使用 Redis 进行集中的 TLS 会话信息存储，多个 BFE 实例可以连接共享的 Redis 服务，如图 12.1 所示。

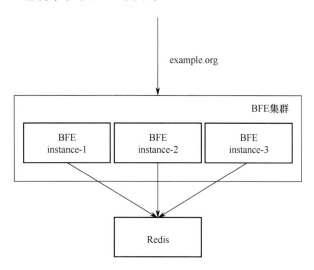

图 12.1 多个 BFE 实例共享 Redis

为开启会话缓存，在 bfe.conf 中设置 SessionCacheDisabled 为 false。

```
[SessionCache]
# disable tls session cache or not
SessionCacheDisabled = false

# tcp address of redis server
Servers = "example.redis.cluster"

# prefix for cache key
KeyPrefix = "bfe"

# connection params (ms)
```

```
ConnectTimeout = 50
ReadTimeout = 50
WriteTimeout = 50

# max idle connections in connection pool
MaxIdle = 20

# expire time for tls session state (second)
SessionExpire = 3600
```

上述配置中的 Servers 字段，指明了连接的 Redis 服务器名字，该名字的具体地址在 conf/server_data_conf/name_conf.data 中指定。

```
{
    "Version": "1",
    "Config": {
        "example.redis.cluster": [
            {
                "Host": "192.168.3.1",
                "Port": 6379,
                "Weight": 10
            }
        ]
    }
}
```

## 12.2.2　配置会话票证

如需支持 TLS 会话票证，在 bfe.conf 文件中，设置 SessionTicketsDisabled 为 false。

```
[SessionTicket]
# disable tls session ticket or not
```

```
SessionTicketsDisabled = false
# session ticket key
SessionTicketKeyFile = tls_conf/session_ticket_key.data
```

在 SessionTicketKeyFile 指向的文件中，用户可以配置加密票证的密钥，密钥是一个包含字符 a ~ z/0 ~ 9，且长度为 48 的字符串。

开启上述配置后，如客户端支持会话票证，TLS 握手中就可实现基于会话票证的会话重用。

# 12.3　配置 TLS 双向认证

在一些场景中，我们需要配置双向 TLS 来对客户端进行认证，BFE 上支持配置客户端证书。

在 bfe.conf 中可以配置 clientCA 证书的目录：

```
# client ca certificates base directory
# Note: filename suffix for ca certificate file should be ".crt",
eg. example_ca_bundle.crt
ClientCABaseDir = tls_conf/client_ca

# client certificate crl base directory
# Note: filename suffix for crl file should be ".crl", eg.
example_ca_bundle.crl
ClientCRLBaseDir = tls_conf/client_crl
```

在 conf/tls_conf/client_ca 中放置客户端的 CA 证书，证书名需以.crt 结尾，具体如下：

```
# ls conf/tls_conf/client_ca
example_ca.crt
```

修改 conf/tls_conf/tls_rule_conf.data 中租户 example_product 的配置，将 ClientAuth 设置为 true，ClientCAName 为上述证书文件的名字，本例中为 example_ca。

```
{
    ...
    "Config": {
        "example_product": {
            ...
            "ClientAuth": true,
            "ClientCAName": "example_ca"
        }
    }
}
```

注意，在当前实现中，BFE 验证客户端证书必须在 Extended Key Usage 中开启 ClientAuth，可以查看证书信息进行确认。查看 client.crt 的具体信息如下：

```
# openssl x509 -in client.crt -text -noout

Certificate:
  ...
  X509v3 extensions:
   X509v3 Basic Constraints:
        CA:FALSE
     X509v3 Key Usage:
        Digital Signature, Non Repudiation, Key Encipherment
     X509v3 Extended Key Usage:
        TLS  Web  Server  Authentication,  TLS  Web  Client
Authentication, Code Signing, E-mail Protection
    ...
```

配置完成后，客户端就可使用上述证书 client.crt 和相应的私钥访问 HTTPS 的服务端口了。

## 12.4　对不同安全等级的区分

TLS 协议配置文件中包含配置项 Grade，该值指定了使用的加密套件的安全级别。

BFE 支持多种安全等级（A+/A/B/C），各安全等级的差异在于支持的协议版本及加密套件有所不同，例如，A+安全等级安全性最高、连通性最低；C 安全等级安全性最低、连通性最高。各安全等级所支持的协议和加密套件可参考表 12.1 ~ 表 12.4 中的说明。

表 12.1　安全等级 A+支持的协议和加密套件

| 支 持 协 议 | 支持加密套件 |
| --- | --- |
| TLS1.2 | TLS_ECDHE_RSA_WITH_CHACHA20_POLY1305_SHA256 |
| | TLS_ECDHE_RSA_WITH_CHACHA20_POLY1305_OLD_SHA256 |
| | TLS_ECDHE_RSA_WITH_AES_128_GCM_SHA256 |
| | TLS_ECDHE_RSA_WITH_AES_128_CBC_SHA |
| | TLS_ECDHE_RSA_WITH_AES_256_CBC_SHA |
| | TLS_RSA_WITH_AES_128_CBC_SHA |
| | TLS_RSA_WITH_AES_256_CBC_SHA |

表 12.2　安全等级 A 支持的协议和加密套件

| 支 持 协 议 | 支持加密套件 |
| --- | --- |
| TLS1.2 | TLS_ECDHE_RSA_WITH_CHACHA20_POLY1305_SHA256 |
| TLS1.1 | TLS_ECDHE_RSA_WITH_CHACHA20_POLY1305_OLD_SHA256 |
| TLS1.0 | TLS_ECDHE_RSA_WITH_AES_128_GCM_SHA256 |
| | TLS_ECDHE_RSA_WITH_AES_128_CBC_SHA |
| | TLS_ECDHE_RSA_WITH_AES_256_CBC_SHA |
| | TLS_RSA_WITH_AES_128_CBC_SHA |
| | TLS_RSA_WITH_AES_256_CBC_SHA |

表 12.3　安全等级 B 支持的协议和加密套件

| 支 持 协 议 | 支持加密套件 |
| --- | --- |
| TLS1.2 | TLS_ECDHE_RSA_WITH_CHACHA20_POLY1305_SHA256 |
| TLS1.1 | TLS_ECDHE_RSA_WITH_CHACHA20_POLY1305_OLD_SHA256 |
| TLS1.0 | TLS_ECDHE_RSA_WITH_AES_128_GCM_SHA256 |
| | TLS_ECDHE_RSA_WITH_AES_128_CBC_SHA |
| | TLS_ECDHE_RSA_WITH_AES_256_CBC_SHA |
| | TLS_RSA_WITH_AES_128_CBC_SHA |
| | TLS_RSA_WITH_AES_256_CBC_SHA |
| SSLv3 | TLS_ECDHE_RSA_WITH_RC4_128_SHA |
| | TLS_RSA_WITH_RC4_128_SHA |

表 12.4　安全等级 C 支持的协议和加密套件

| 支 持 协 议 | 支持加密套件 |
| --- | --- |
| TLS1.2 | TLS_ECDHE_RSA_WITH_CHACHA20_POLY1305_SHA256 |
| TLS1.1 | TLS_ECDHE_RSA_WITH_CHACHA20_POLY1305_OLD_SHA256 |
| TLS1.0 | TLS_ECDHE_RSA_WITH_AES_128_GCM_SHA256 |
| | TLS_ECDHE_RSA_WITH_AES_128_CBC_SHA |
| | TLS_ECDHE_RSA_WITH_AES_256_CBC_SHA |
| | TLS_RSA_WITH_AES_128_CBC_SHA |
| | TLS_RSA_WITH_AES_256_CBC_SHA |
| | TLS_ECDHE_RSA_WITH_RC4_128_SHA |
| | TLS_RSA_WITH_RC4_128_SHA |
| SSLv3 | TLS_ECDHE_RSA_WITH_RC4_128_SHA |
| | TLS_RSA_WITH_RC4_128_SHA |

## 12.5　支持更多协议

本节将介绍如何配置 BFE 以支持更多的协议，如 HTTP/2、SPDY、WebSocket 等。

## 12.5.1　HTTP/2 配置

为支持 HTTP/2 over TLS，用户需修改 TLS 规则配置文件 conf/tls_conf/tls_rule_conf.data。

在该文件中，对需要配置的产品线，修改 NextProtos 域，增加 h2 选项，这将在 TLS 握手的 ALPN 中增加对 HTTP2 的支持。如果客户端也支持 HTTP/2，建立的连接将使用 HTTP/2。如下述实例所示，我们对产品线 example_product 进行修改，增加了 h2。

```
"example_product": {
    ...
    "NextProtos": ["h2", "http/1.1"],
    ...
}
```

对 curl 连接 BFE 的 HTTPS 端口进行测试，可以看到连接已经使用了 HTTP/2。

```
# curl -v -k -H "Host: example.org" https://localhost:8443
* Rebuilt URL to: https://127.0.0.1:8443/
*   Trying ::1...
* TCP_NODELAY set
* Connected to localhost (::1) port 8443 (#0)
* ALPN, offering h2
* ALPN, offering http/1.1
...
* ALPN, server accepted to use h2
...
* Using HTTP2, server supports multi-use
* Connection state changed (HTTP/2 confirmed)
```

```
* Copying HTTP/2 data in stream buffer to connection buffer
after upgrade: len=0
* Using Stream ID: 1 (easy handle 0x7fabe6000000)
> GET / HTTP/2
> Host: example.org
> User-Agent: curl/7.54.0
> Accept: */*
...
```

上述 NextProtos 配置同时包含了["h2", "http/1.1"]，这表示会同时支持 HTTP/2 和 HTTP/1.1，其中 HTTP/2 的优先级较高。如果希望只使用 HTTP/2，可以将 NextProtos 设置为["h2;level=2"]，其中 level 为协商级别，2 表示必选。示例如下：

```
"example_product": {
    ...
    "NextProtos": ["h2;level=2"],
    ...
}
```

## 12.5.2  SPDY 配置

与 HTTP/2 相似，在 NextProtos 中设置 spdy/3.1，可开启对 SPDY 的支持。

```
"example_product": {
    ...
    "NextProtos": ["spdy/3.1", "http/1.1"],
    ...
}
```

### 12.5.3　WebSocket 配置

对 WebSocket 的使用分为以下两类。

（1）WS，即 WebSocket over TCP。

（2）WSS，即 WebSocket over TLS。

本节分别对 WS 和 WSS 的配置进行介绍。

#### 1．配置支持 WS

支持 WS，则无须做特殊配置，只需配置好支持 WS 的后端服务和正确的转发路由即可。对 curl 连接 BFE 的 HTTP 端口进行测试，带上头部 Connection: Upgrade 和 Upgrade: websocket，我们可以看到连接升级为使用 WebSocket，具体如下：

```
# curl -v \
    -H "Host: example.org" \
    -H "Connection: Upgrade" \
    -H "Upgrade: websocket" \
    -H "sec-websocket-key:1234567890" \
    http://127.0.0.1:8080
* Rebuilt URL to: http://127.0.0.1:8080/
*   Trying 127.0.0.1...
* TCP_NODELAY set
* Connected to 127.0.0.1 (127.0.0.1) port 8080 (#0)
> GET / HTTP/1.1
> Host: example.org
> User-Agent: curl/7.54.0
> Accept: */*
```

```
> Connection: Upgrade
> Upgrade: websocket
> sec-websocket-key:1234567890
>
< HTTP/1.1 101 Switching Protocols
< Connection: Upgrade
< Sec-Websocket-Accept: qrAsbG+EeIo8ooFLgckbiuFt1YE=
< Upgrade: websocket
```

### 2. 配置支持 WSS

为支持 WSS，在 NextProtos 中设置如下：

```
"example_product": {
    ...
    "NextProtos": ["stream;level=2"],
    ...
}
```

使用 curl 连接 BFE 的 HTTPS 端口进行测试，可以看到连接也升级为使用 WebSocket。

```
# curl -v -k \
    -H "Host: example.org" \
    -H "Connection: Upgrade"  \
    -H "Upgrade: websocket" \
    -H "sec-websocket-key:1234567890"  \
    https://127.0.0.1:8443

* Rebuilt URL to: https://127.0.0.1:8443/
*   Trying 127.0.0.1...
* TCP_NODELAY set
* Connected to 127.0.0.1 (127.0.0.1) port 8443 (#0)
...
```

```
> GET / HTTP/1.1
> Host: example.org
> User-Agent: curl/7.54.0
> Accept: */*
> Connection: Upgrade
> Upgrade: websocket
> sec-websocket-key:1234567890
>
< HTTP/1.1 101 Switching Protocols
< Connection: Upgrade
< Sec-Websocket-Accept: qrAsbG+EeIo8ooFLgckbiuFt1YE=
< Upgrade: websocket
...
```

## 12.5.4　连接后端服务的协议

BFE 支持使用不同的协议连接后端服务器。我们可以在后端集群配置文件 conf/server_data_conf/cluster_conf.data 中指定该配置，支持的协议包括 HTTP、h2c 和 FastCGI。

### 1. 配置支持 HTTP

HTTP 为连接后端使用的默认协议，无须特殊配置。

### 2. 配置支持 h2c

为支持 h2c，将 BackendConf 中的 Protocol 设置为 h2c。

```
"cluster_example": {
    ...
    "BackendConf": {
        "Protocol": "h2c",
```

```
        ...
    },
    ...
}
```

### 3. 配置支持 FastCGI

为支持 FastCGI，将 BackendConf 中的 Protocol 设置为 fcgi，其他可设置的参数包括请求文件的根路径 Root 和环境变量 EnvVars。

```
"cluster_example": {
    "BackendConf": {
        "Protocol": "fcgi",
        ...
        "FCGIConf": {
            "Root": "/home/work",
            "EnvVars": {
                "VarKey": "VarVal"
            }
        }
    }
}
```

# 第 13 章

# 其他常用配置

HTTP 重写和 HTTP 重定向是很常用的功能，本章将介绍在 BFE 中如何对它们进行配置，同时还会介绍在 BFE 中如何配置限流功能。

## 13.1 配置重写

本节介绍如何配置 HTTP 重写，该功能首先对收到的 HTTP 请求消息进行修改，然后转发到后端服务。

### 13.1.1 开启重写

在 conf/bfe.conf 中，打开该模块。

```
Modules = mod_write
```

### 13.1.2 模块配置

模块配置在目录 conf/mod_rewrite/中，包含两个文件：

```
$ ls
mod_rewrite.conf    rewrite.data
```

mod_rewrite.conf 为模块基础配置文件，指向重写规则文件，通常无须修改。

```
$ cat mod_rewrite.conf
[basic]
DataPath = mod_rewrite/rewrite.data
```

rewrite.data 包含重写规则，可动态加载，安装包中的示例配置文件如下：

```
$ cat rewrite.data
{
    "Version": "1",
    "Config": {
        "example_product": [
            {
                "Cond": "req_path_prefix_in(\"/rewrite\", false)",
                "Actions": [
                    {
                        "Cmd": "PATH_PREFIX_ADD",
                        "Params": [
                            "/bfe/"
                        ]
                    }
                ],
                "Last": true
            }
        ]
    }
}
```

上述配置为产品线 example_product 增加了一条规则：对满足 Cond 条件的请求，执行 Actions 动作（包含动作名 Cmd 和对应的参数）；如果 Last 为 true，则停止执行后续动作，否则继续匹配下一条规则。

最终，该规则将修改 Path 为/rewrite 开头的请求，为其增加路径前缀 /bfe/，也就是将 Path 从/rewrite 变为/bfe/rewrite。

### 13.1.3　重写动作详细描述

本节详细介绍在重写的规则配置文件中所支持的规则动作。

#### 1. HOST_SET

设置请求头中的 Host 值，参数为需设置的值。示例如下：

```
{
    "Cmd": "HOST_SET",
    "Params": ["www.example.com"]
}
```

结果如下：

| 原 始 值 | http://abc.example.com |
| --- | --- |
| 修 改 后 | http://www.example.com |

#### 2. HOST_SET_FROM_PATH_PREFIX

根据 Path 前缀设置 Host，如果 Path 为/x.example.com/xxxx，设置 Host 为 x.example.com，uri 为 xxxx。示例如下：

```
{
    "cmd": "HOST_SET_FROM_PATH_PREFIX",
    "params": []
}
```

结果如下：

| 原 始 值 | http://www.example.com/test.example.com/xxxx |
|---|---|
| 修 改 后 | http://test.example.com/xxxx |

### 3. HOST_SUFFIX_REPLACE

替换域名中的特定后缀，两个参数分别为被替换的后缀字符串和替换后的字符串。示例如下：

```
{
    "cmd": "HOST_SUFFIX_REPLACE",
    "params": ["net", "com"]
}
```

结果如下：

| 原 始 值 | http://www.example.net |
|---|---|
| 修 改 后 | http://www.example.com |

### 4. PATH_SET

设置 Path 为指定值，参数为新 Path 值。示例如下：

```
{
    "cmd": "PATH_SET",
    "params": ["/index"]
}
```

结果如下：

| 原 始 值 | http://www.example.com/current |
|---|---|
| 修 改 后 | http://www.example.com/index |

### 5. PATH_PREFIX_ADD

为 Path 增加前缀，参数为需增加的前缀。示例如下：

```
{
    "cmd": "PATH_PREFIX_ADD",
    "params": ["/index"]
}
```

结果如下：

| 原 始 值 | http://www.example.com/current |
|---|---|
| 修 改 后 | http://www.example.com/index/current |

### 6. PATH_PREFIX_TRIM

删除 Path 前缀，参数为需删除的前缀。示例如下：

```
{
    "cmd": "PATH_PREFIX_TRIM",
    "params": ["/service"]
}
```

结果如下：

| 原始值 | http://www.example.com/service/index.html |
|---|---|
| 修改后 | http://www.example.com/index.html |

### 7. QUERY_ADD

增加 Query，参数指定需增加的 Query 的 key（键）和 value（值）。示例如下：

```
{
    "cmd": "QUERY_ADD",
    "params": ["name", "alice"]
}
```

结果如下：

| 原 始 值 | http://www.example.com/ |
|---|---|
| 修 改 后 | http://www.example.com/?name=alice |

### 8. QUERY_RENAME

对 Query 重命名，参数指定 key 的原名字和新名字。示例如下：

```
{
    "cmd": "QUERY_RENAME",
    "params": ["name", "user"]
}
```

结果如下：

| 原 始 值 | http://www.example.com/?name=alice |
|---|---|
| 修 改 后 | http://www.example.com/?user=alice |

### 9. QUERY_DEL

删除指定 Query，参数指定 key 的名字。示例如下：

```
{
    "cmd": "QUERY_DEL",
    "params": ["name"]
}
```

结果如下：

| 原 始 值 | http://www.example.com/?name=alice |
|---|---|
| 修 改 后 | http://www.example.com/ |

### 10. QUERY_DEL_ALL_EXCEPT

删除 Query 中除指定 key 外所有其他 key。示例如下：

```
{
    "cmd": "QUERY_DEL_ALL_EXCEPT",
```

```
    "params": ["name"]
}
```

结果如下：

| 原 始 值 | http://www.example.com/?name=alice?key1=value2&key2=value2 |
|---|---|
| 修 改 后 | http://www.example.com/?name=alice |

## 13.2 配置重定向

本节介绍如何配置 HTTP 重定向，该功能将对收到的请求返回重定向响应码，指示客户端跳转到新的 URL。

### 13.2.1 开启重定向

在 conf/bfe.conf 中，打开该模块：

```
Modules = mod_redirect
```

### 13.2.2 模块配置

模块配置在目录 conf/mod_redirect/中，包含两个文件：

```
$ ls
mod_redirect.conf   redirect.data
```

mod_redirect.conf 为模块基础配置文件，指向重定向规则文件，通常无须修改。

```
$ cat mod_redirect.conf
[basic]
DataPath = mod_redirect/redirect.data
```

rewrite.data 包含重定向规则，可动态加载。在安装包中，示例中的配置文件如下：

```
{
    "Version": "1",
    "Config": {
        "example_product": [
            {
                "Cond": "req_path_prefix_in(\"/redirect\", false)",
                "Actions": [
                    {
                        "Cmd": "URL_SET",
                        "Params": ["https://example.org"]
                    }
                ],
                "Status": 301
            }
        ]
    }
}
```

上述配置为产品线 example_product 增加了一条规则：对满足条件 Cond（请求路径的前缀为/redirect）的请求，执行 Actions 动作（重定向到 https://example.org），返回 HTTP 响应码为 301。

## 13.2.3　重定向动作详细描述

重定向规则文件中的 Cmd 有多个可能的取值，下面具体说明。

## 1. URL_SET

重定向请求到指定 URL，参数为重定向的 URL。示例如下：

```
{
    "Cmd": "URL_SET",
    "Params": ["http://www.example.com/more"]
}
```

结果如下：

| 请　　求 | http://www.example.com/unknown |
| --- | --- |
| 重定向目标 | http://www.example.com/more |

## 2. URL_FROM_QUERY

将 Query 中的某个 key 的值设置为重定向地址。参数为 Query 中该 key 的名字。示例如下：

```
{
    "Cmd": "URL_FROM_QUERY",
    "Params": ["url"]
}
```

结果如下：

| 请　　求 | http://www.example.com/redirect?url=http://news.example.com |
| --- | --- |
| 重定向目标 | http://news.example.com |

## 3. URL_PREFIX_ADD

设置重定向 URL 为：当前 URL 加上特定前缀，参数为需要增加的前缀。示例如下：

```
{
    "Cmd": "URL_PREFIX_ADD",
```

```
    "Params": ["/v1"]
}
```

结果如下：

| 请 求 | http://www.example.com/test.html |
|---|---|
| 重定向目标 | http://www.example.com/v1/test.html |

### 4. SCHEME_SET

设置重定向 URL 的 scheme 为 HTTP 或者 HTTPS，参数指定为 http 或者 https。示例如下：

```
{
    "Cmd": "SCHEME_SET",
    "Params": ["https"]
}
```

结果如下：

| 请 求 | http://www.example.com/index.html |
|---|---|
| 重定向目标 | https://www.example.com/index.html |

## 13.3 配置限流功能

本节介绍如何配置限流功能，该功能将限制特定请求的速率，以对后端服务进行保护。

### 13.3.1 开启限流模块

在 conf/bfe.conf 中，打开 mod_prison 模块。

```
Modules = mod_prison
```

## 13.3.2 模块配置

模块配置在目录 conf/mod_redirect/中，包含两个文件：

```
# ls
mod_prison.conf prison.data
```

与其他模块配置相似，mod_prison.conf 为模块基础配置文件，指向重定向规则文件。

```
[basic]
ProductRulePath = mod_prison/prison.data
```

示例的 prison.data 如下：

```
{
    "Version": "1",
    "Config": {
        "example_product": [{
            "Name": "example_prison",
            "Cond": "req_path_prefix_in(\"/prison\", false)",
            "accessSignConf": {
                "url": false,
                "path": false,
                "query": [],
                "header": [],
                "Cookie": [
                "UID"
                ]
            },
            "action": {
```

```
        "cmd": "CLOSE",
        "params": []
    },
    "checkPeriod": 10,
    "stayPeriod": 10,
    "threshold": 5,
    "accessDictSize": 1000,
    "prisonDictSize": 1000
}]
    }
}
```

上述示例对路径为/prison 的请求进行限流，其中，accessSignConf 指示了限制的流量的维度，具体见 13.3.3 节中的描述。本示例中，将统计 Cookie 中的 UID，限制不同 UID 的访问流量。

### 13.3.3　限制特定维度的流量

通过 accessSignConf 字段，我们可以指定请求统计的维度，判断统计值是否达到限流阈值。可配置的维度如下。

（1）UseClientIP：对请求按客户端 IP 地址进行统计来做限流，可以限制每个客户端 IP 地址的请求速度。

（2）UseUrl：对请求按 URL 进行统计，可以限制每一个 URL 的请求速度。

（3）UseHost：对请求按 Host 进行统计，可以限制每一个 Host 的请求速度。

（4）UsePath：对请求按 Path 进行统计，可以限制每一种 Path 的请求速度。

（5）UrlRegexp：对请求的 URL 做正则匹配，以匹配结果为维度进行统计，可以实现按 URL 中的部分内容来进行限流。

（6）Header：以请求的特定头部字段为维度来做统计流量，可以限制该头部字段所标识的每一种消息的请求速度。

（7）Cookie：以请求中的特定 Cookie 字段为维度进行统计，可以限制该 Cookie 标识的每一种请求的请求速度，比如，如果我们用 Cookie 中的 UID 来标识不同用户，可以通过指定 UID 来限制每个用户的访问速度。

（8）Query：以指定的 Query 字段为维度，统计请求量来做限流。

（9）UseHeaders：以每个请求中的所有头部字段为维度来进行统计（合并一个消息的所有头部字段），限制不同头部字段的每一种消息的请求速度。

## 13.3.4　设置限流门限

通过下面参数设置限流门限，具体如下。

（1）checkPeriod：设置统计周期，单位为 s。

（2）stayPeriod：被限流后的惩罚时长。在该时间段内，该维度访问请求都将被限制。

（3）threshold：限制的阈值。一个维度的统计数量达到该阈值将触发限流。

（4）accessDictSize：访问统计表的大小。统计表保存了当前配置的维度的所有统计值。比如，如果以 ClientIp 为维度进行统计，该表包含每个 ClientIp 的访问量。

（5）prisonDictSize：访问封禁表的大小。在按维度统计后，每类命中限流的请求都会被保存在封禁表中，所以封禁表保存了当前所有处于封禁状态的某类请求，比如某频繁访问并被限流的 IP 地址等。

## 13.3.5　设置限流动作

当某类请求命中限流规则后，可以在 action 中配置对该类请求的后续动作。限流动作包括：

（1）CLOSE：直接关闭请求的连接。

（2）PASS：正常转发，不做任何处理。

（3）FINISH：响应后关闭连接。

（4）REQ_HEADER_SET：正常转发，在请求头中插入指定 key 和 value，key 和 value 在参数列表中指定。

# 实现篇

作为一个开源软件，BFE 的源代码是对所有人开放的。"实现篇"为有兴趣深入阅读 BFE 源代码的读者提供一个指引，包括 BFE 的代码组织、主要的处理过程、核心协议的实现机制等，其中重点介绍了 BFE 的模块插件机制，有需要的读者可以自己开发 BFE 的扩展模块，并欢迎向 BFE 开源项目提交你的贡献。

# 第 14 章

# BFE 的基础实现

本章将结合具体代码，介绍 BFE 的基础实现。本章包含以下内容。

（1）BFE 的代码组织。

（2）BFE 的进程模型。

（3）请求处理流程。

（4）请求路由实现。

（5）负载均衡实现。

## 14.1　BFE 的代码组织

BFE 最新的代码可以从 BFE 开源项目发布页面（见链接 14.1）下载。本章将以 BFE v1.0.0 版本为例进行介绍。

在代码目录的顶层可以看到 BFE 包含如下目录或文件：

```
$ ls bfe/
ADOPTERS.md MAINTAINERS.md  bfe_basic    bfe_modules
bfe_util CHANGELOG.md    Makefile bfe_bufio  bfe_net
bfe_websocket CODE_OF_CONDUCT.mdNOTICE  bfe_config bfe_proxy
conf CONTRIBUTING.mdREADME.md           bfe_debug bfe_route
docs CONTRIBUTORS.mdSECURITY.md bfe_fcgibfe_server
go.mod  Dockerfile VERSION  bfe_http    bfe_spdy
go.sum GOVERNANCE.mdbfe.go  bfe_http2 bfe_stream snap
LICENSE bfe_balance bfe_module bfe_tls staticcheck.conf
```

按逻辑关系，各目录的层次结构如图 14.1 所示，按从上向下顺序各目录对应的功能模块说明如下。

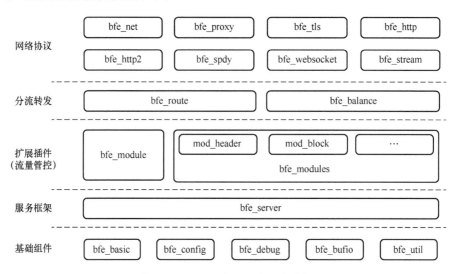

图 14.1　BFE 的代码目录层次结构

### 1. 网络协议

（1）bfe_net：BFE 网络相关基础库代码。

（2）bfe_proxy：BFE Proxy 协议基础代码。

（3）bfe_tls：BFE TLS 协议基础代码。

（4）bfe_http：BFE HTTP 基础代码。

（5）bfe_http2：BFE HTTP2 基础代码。

（6）bfe_spdy：BFE SPDY 协议基础代码。

（7）bfe_websocket：BFE WebSocket 代理基础代码。

（8）bfe_stream：BFE TLS 代理基础代码。

## 2．分流转发

（1）bfe_route：BFE 分流转发相关代码。

（2）bfe_balance：BFE 负载均衡相关代码。

## 3．扩展插件（流量管控）

（1）bfe_module：BFE 模块框架相关代码。

（2）bfe_modules：BFE 扩展模块相关代码。

## 4．服务框架

bfe_server：BFE 服务端主体部分。

## 5．基础组件

（1）bfe_basic：BFE 基础数据类型定义。

（2）bfe_config：BFE 配置加载相关代码。

（3）bfe_debug：BFE 模块调试开关相关代码。

（4）bfe_bufio：BFE 缓冲 I/O 相关代码。

（5）bfe_util: BFE 基础库相关代码。

## 14.2　BFE 的进程模型

BFE 平台的转发系统由一组协同工作的进程组成（详见第 1 章 1.3.1 节 "BFE 平台的模块组成"），本节以最核心的转发进程为重点介绍内容，主要内容如下。

（1）BFE 转发进程中协程的分类。

（2）BFE 协程的并发模型。

（3）BFE 协程的并发能力。

（4）BFE 协程的异常恢复机制。

### 14.2.1　协程的分类

BFE 的转发进程是由 Go 语言编写并基于 Go 协程实现的高并发网络服务器。BFE 的转发进程中包含了几类重要的协程。

（1）**网络相关协程**，包括用户连接的监听协程、用户连接的处理协程，以及协议相关的请求处理协程，同时也包括后端连接的建立协程、后端连接的读写协程。

（2）**管理相关协程**，包括针对后端健康状态的检查协程，也包括监控及热加载请求的处理协程。

（3）**辅助相关协程**，扩展模块也可以创建协程，用于后台定期操作或异步执行处理，如定期进行日志切割、异步更新缓存等。

## 14.2.2　并发模型

本节介绍 BFE 的协程并发模型，总体概况如图 14.2 所示。

BFE 转发实例可以启动一个或多个监听协程。如果 BFE 处理的大量流量是短连接（即每秒建立新连接的速度很快），在仅启动一个监听协程的情况下，监听协程可能会成为一个瓶颈，这时可以通过适当调节监听协程数量来提升吞吐能力。

每个新到的用户连接将在独立的用户连接处理协程中并发处理。对于 HTTP/HTTPS，用户连接处理协程串行读取请求并处理；对于 HTTP2/ SPDY，由于协议支持多路复用，可在多个独立的流处理协程中并发处理请求。

在向后端实例转发请求并读取响应时，涉及一组后端连接读写协程，分别负责将请求数据写往后端连接，以及从后端连接读取响应数据。

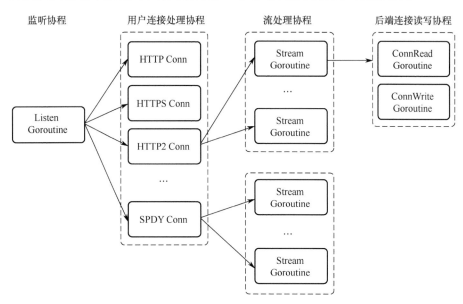

图 14.2　BFE 的协程并发模型

### 14.2.3　并发能力

BFE 协程可以充分利用单机的多核 CPU 提升并发量及吞吐量，但基于 Go 语言协程的并发模型也存有局限性。

（1）并发能力与 CPU 核数并非持续呈线性增长。当单机核数非常大时，由于锁竞争继续增加核数，可能并不能提升极限性能。在实践中，一般通过针对流量接入场景来制定最佳机型套餐或容器规格，通过多实例来提供服务，从而达到线性提升整体性能的效果。

（2）难以绑定到固定的 CPU 核，以便利用 CPU 亲缘性提升极限性能。

### 14.2.4　异常恢复机制

由于转发程序的复杂性及快速迭代的特点，潜在 PANIC（Go 语言中的异常）问题难以通过线下测试完全被发现。但在一些情况下，在触发 PANIC 后，会对转发集群稳定性带来非常严重的影响，如由特定类型请求（Query of Death）触发。

因此，BFE 所有网络相关协程都利用了 Go 语言内置的 PANIC 恢复机制，避免在连接/请求处理过程中由于未知 Bug 导致 BFE 转发实例大规模异常退出。

```
// bfe_server/http_conn.go:serve()

defer func() {
    if err := recover(); err != nil {
        log.Logger.Warn("panic: conn.serve(): %v,
```

```
        readTotal=%d,writeTotal=%d,reqNum=%d,%v\n%s",
        c.remoteAddr, c.session.ReadTotal,
        c.session.WriteTotal, c.session.ReqNum,
        err, gotrack.CurrentStackTrace(0))
    ...
    }
    ...
}()
```

在出现 PANIC 后，往往仅影响单个连接或请求。同时，PANIC 在恢复阶段输出的上下文日志，也便于高效分析并定位出问题根由。对于一些难以在线下复现的问题，基于 PANIC 修复经验，往往通过代码分析就能找到答案。

## 14.3　请求处理流程

本节介绍 BFE 在请求处理中的相关实现，分为连接的处理和请求的处理。对于连接，会分别对连接的建立、处理和结束进行介绍；对于请求，会分别对请求的处理和结束进行介绍。

### 14.3.1　连接的建立

BFE 的监听器处理协程（BfeServer.Serve 函数）循环接收新到的客户端连接，并创建新协程处理该连接。

```
// bfe_server/http_server.go

func (srv *BfeServer) Serve(l net.Listener, raw net.Listener,
```

```
proto string) error {

    ...

    for {

        // accept new connection

        rw, e := l.Accept()

        ...

        // start goroutine for new connection

        go func(rwc net.Conn, srv *BfeServer) {

            c, err := newConn(rw, srv)

            ...

            c.serve()

        }(rw, srv)

    }

}
```

## 14.3.2　连接的处理

BFE 的连接 bfe_server.conn 执行 serve 函数处理该连接，主要包含以下步骤。

步骤 1：**回调点处理**，执行 HandleAccept 回调点的回调链函数。

```
// bfe_server/http_conn.go

// Callback for HANDLE_ACCEPT
hl = c.server.CallBacks.GetHandlerList(bfe_module.HandleAccept)
if hl != nil {

    retVal = hl.FilterAccept(c.session)

    ...

}
```

步骤 2：**握手及协商**，执行 TLS 握手（如果用户发起 TLS 连接）。

首先，在 TLS 握手成功后，执行 HandleHandshake 回调点的回调链函数。

```
// bfe_server/http_conn.go

// Callback for HANDLE_HANDSHAKE
hl = c.server.CallBacks.GetHandlerList(bfe_module.HandleHandshake)
if hl != nil {
    retVal = hl.FilterAccept(c.session)
    ...
}
```

然后基于协商协议，选择并执行应用层协议 Handler（HTTP2/SPDY/STREAM）。

```
// bfe_server/bfe_server.go

tlsNextProto[tls_rule_conf.SPDY31] =
bfe_spdy.NewProtoHandler(nil)
tlsNextProto[tls_rule_conf.HTTP2] =
bfe_http2.NewProtoHandler(nil)
tlsNextProto[tls_rule_conf.STREAM] =
bfe_stream.NewProtoHandler(
        &bfe_stream.Server{BalanceHandler: srv.Balance})
```

步骤 3：**连接协议处理**，区分连接的协议，执行如下。

（1）如果是 HTTP（S）连接，在当前协程中顺序读取请求并处理。

（2）如果是 HTTP2/SPDY 连接，在新建协程中并发读取请求并处理。

（3）如果是 STREAM 连接，在新建协程中处理数据的双向转发。

关于协议的实现说明，详见第 16 章 "核心协议实现"。

### 14.3.3 请求的处理

BFE 的连接对象 bfe_server.conn 执行 serveRequest 函数处理请求，虽然
HTTP/HTTPS/HTTP2/SPDY 使用不同方式传输数据，但 BFE 从协议层接收
到 HTTP 请求后，在上层都转化为相同的内部请求类型（bfe_http.Request），
并执行统一的逻辑处理。请求处理的具体流程如下。

步骤 1：**回调点处理**，执行 HandleBeforeLocation 回调点的回调链函数。

```
// bfe_server/reverseproxy.go

// Callback for HandleBeforeLocation
hl = srv.CallBacks.GetHandlerList(bfe_module.HandleBeforeLocation)
if hl != nil {
    retVal, res = hl.FilterRequest(basicReq)
    ...
}
```

步骤 2：**租户路由**，查找请求归属的租户，详见第 14 章 14.4 节 "请求
路由实现" 中的说明。

```
// bfe_server/reverseproxy.go

// find product
if err := srv.findProduct(basicReq); err != nil {
    ...
}
```

步骤 3：**回调点处理**，执行 HandleFoundProduct 回调点的回调链函数。

```
// bfe_server/reverseproxy.go

// Callback for HandleFoundProduct
hl = srv.CallBacks.GetHandlerList(bfe_module.
HandleFoundProduct)
if hl != nil {
    retVal, res = hl.FilterRequest(basicReq)
    ...
}
```

步骤 4：**集群路由**，查找请求归属的目的集群，详见第 14 章 14.4 节 "请求路由实现" 中的说明。

```
// bfe_server/reverseproxy.go

if err = srv.findCluster(basicReq); err != nil {
    ...
}
```

步骤 5：**回调点处理**，执行 HandleAfterLocation 回调点的回调链函数。

```
// bfe_server/reverseproxy.go

// Callback for HandleAfterLocation
hl = srv.CallBacks.GetHandlerList(bfe_module.HandleAfterLocation)
if hl != nil {
    ...
}
```

步骤 6：**请求预处理**，对请求做最终转发前，对请求进行预处理并获取转发参数（如超时时间）。

步骤 7：**负载均衡及转发**，向下游集群转发 HTTP 请求，详见第 14 章

14.5 节"负载均衡实现"中的说明。

```
// bfe_server/reverseproxy.go

res, action, err = p.clusterInvoke(srv, cluster, basicReq, rw)
basicReq.HttpResponse = res
```

步骤 8：**回调点处理**，执行 HandleReadResponse 回调点的回调链函数。

```
// bfe_server/reverseproxy.go

// Callback for HandleReadResponse
hl = srv.CallBacks.GetHandlerList(bfe_module.
HandleReadResponse)
if hl != nil {
    ...
}
```

步骤 9：**响应发送**，向用户端发送响应。

```
// bfe_server/reverseproxy.go

err = p.sendResponse(rw, res, resFlushInterval,
cancelOnClientClose)
if err != nil {
    ...
}
```

## 14.3.4　请求的结束

执行 HandleRequestFinish 回调点的回调链函数。

```
// bfe_server/reverseproxy.go
```

```
// Callback for HandleRequestFinish
hl := srv.CallBacks.GetHandlerList(bfe_module.
HandleRequestFinish)
if hl != nil {
    ...
}
```

检查连接是否需要关闭（如请求被封禁或 HTTP KeepAlive 未启用），
如需关闭，连接将停止读取后续请求并执行关闭操作

### 14.3.5　连接的结束

连接在结束前，还需要执行以下操作。

（1）执行 HandleFinish 回调点的回调链函数。

```
// bfe_server/http_conn.go

// Callback for HandleFinish
hl := srv.CallBacks.GetHandlerList(bfe_module.HandleFinish)
if hl != nil {
    hl.FilterFinish(c.session)
}
```

（2）写出连接缓存区数据并关闭连接。

## 14.4　请求路由实现

BFE 可同时接入多个租户的流量，每个租户包含多个集群，各集群分
别处理不同业务类型的请求，**请求路由**指在 BFE 转发请求过程中，确定请

求所属的租户及目标集群的过程。

BFE 路由转发的过程可以参考第 5 章 "BFE 的转发模型" 中的介绍。

## 14.4.1　关键数据结构

在路由模块 bfe_route/host_table.go 中定义了用于管理路由规则的数据结构，其中主要包含以下类型。

（1）域名表。

（2）VIP 表。

（3）分流规则表。

（4）分流条件。

### 1.　域名表（HostTable）

HostTable 用于管理域名与租户标识的映射关系。

HostTable 是一个 Trie 树类型的数据结构，便于支持泛域名查找。简单来说，该 Trie 树中每个叶子节点到根节点的路径代表了一个域名，叶子节点存有租户名称。

Trie 树节点的数据类型如下。

（1）Children 指向该节点的所有子节点。

（2）Entry 存放该节点到根节点路径所代表的域名（如 x.example.com）对应的租户名称。

（3）Splat 存放该节点到根节点路径所代表的泛域名（如*.x.example.com）

对应的租户名称。

```
// bfe_route/trie/trie.go

type trieChildren map[string]*Trie

type Trie struct {
    Children    trieChildren
    Entry       interface{}
    Splat       interface{}
}
```

### 2．VIP 表（vipTable）

vipTable 用于管理 VIP 与租户标识的映射关系。vipTalbe 是一个哈希表类型的数据结构，其中键代表 VIP，值代表租户名称。

```
// bfe_config/bfe_route_conf/vip_rule_conf/vip_table_load.go

type Vip2Product map[string]string
```

### 3．分流规则表（productRouteTable）

productRouteTable 用于管理各租户的分流规则表。productRouteTable 是一个哈希表类型的数据结构，如图 14.3 所示，其中，键代表租户名称，并且值为该租户的分流规则表。各租户的分流规则表包含了一组有序的分流规则，每条规则由分流条件及目的集群组成。

```
// bfe_config/bfe_route_conf/route_rule_conf/route_table_load.go

type ProductRouteRule map[string]RouteRules
```

```
// bfe_route/host_table.go

type HostTable struct {
    //...

    productRouteTable route_rule_conf.ProductRouteRule
}
```

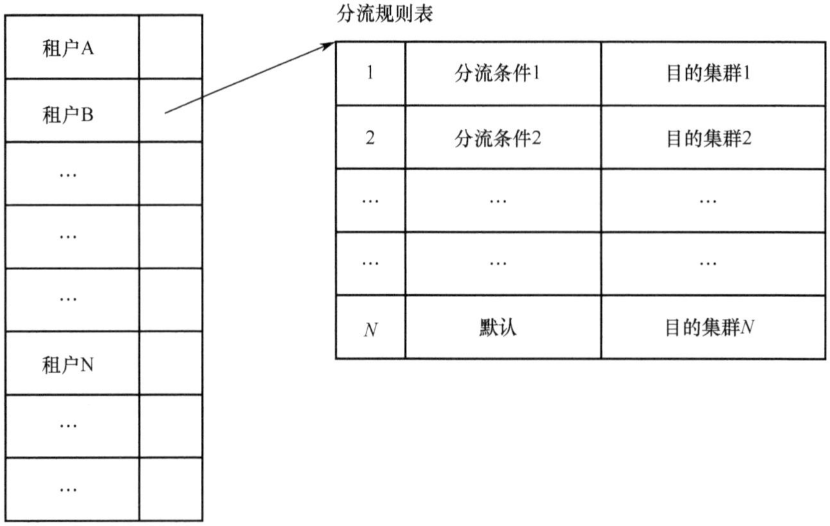

分流规则表

| | | |
|---|---|---|
| 1 | 分流条件1 | 目的集群1 |
| 2 | 分流条件2 | 目的集群2 |
| ... | ... | ... |
| ... | ... | ... |
| N | 默认 | 目的集群N |

| | |
|---|---|
| 租户A | |
| 租户B | |
| ... | |
| ... | |
| ... | |
| 租户N | |
| ... | |
| ... | |

图 14.3 分流规则表

### 4. 分流条件

分流条件是一个由条件原语及操作符组成的条件表达式，条件表达式的语法详见第 5 章 5.2 节 "BFE 的路由转发机制"。

在 BFE 的内部数据结构中，条件表达式是一个中缀表达式形式的二叉树，如图 14.4 所示。二叉树的非叶子节点代表了操作符，叶子节点代表条件原语。在对请求执行与分流条件的匹配计算时，相当于对该中缀表达式进行求值，其返回值是布尔类型，代表请求是否匹配规则。

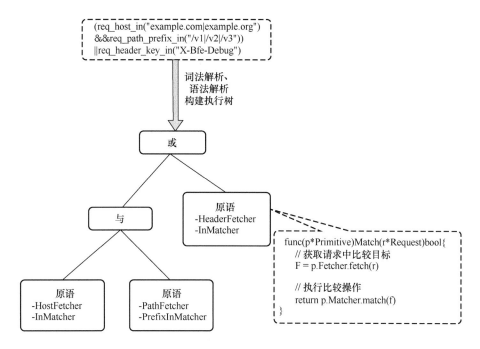

图 14.4　条件表达式的实现机制

## 14.4.2　目的租户路由

HostTable 的 LookupHostTagAndProduct() 实现了目的租户的查找。

查找的基本流程如下。

步骤 1：根据请求的 Host 字段值，尝试查找 HostTable 并返回命中的租户名称。

步骤 2：如果查找失败，根据请求的访问 VIP 值，尝试查找 vipTable 并返回命中的租户名称。

步骤 3：如果查找失败，返回默认的租户名称。

```
// bfe_route/host_table.go

// LookupHostTagAndProduct find hosttag and product with given
hostname.
func (t *HostTable) LookupHostTagAndProduct(req *bfe_basic.
Request) error {
    hostName := req.HttpRequest.Host

    // lookup product by hostname
    hostRoute, err := t.findHostRoute(hostName)

    // if failed, try to lookup product by visited vip
    if err != nil {
        if vip := req.Session.Vip; vip != nil {
            hostRoute, err = t.findVipRoute(vip.String())
        }
    }

    // if failed, use default proudct
    if err != nil && t.defaultProduct != "" {
        hostRoute, err = route{product: t.defaultProduct}, nil
    }

    // set hostTag and product
    req.Route.HostTag = hostRoute.tag
    req.Route.Product = hostRoute.product
    req.Route.Error = err

    return err
}
```

### 14.4.3　目的集群路由

HostTable 的 LookupCluster()实现了目的集群的查找，查找的基本流程如下。

步骤 1：根据请求的归属租户名称查找分流规则表。

步骤 2：在租户的分流规则表中，按顺序将请求与表中各规则的条件进行匹配。

步骤 3：对最先匹配到的规则，返回所包含的目的集群。

注意分流规则表的最后一条规则是默认规则，如果执行到最后一条规则，最终将返回默认目的集群。

```
// bfe_route/host_table.go

// LookupCluster find clusterName with given request.
func (t *HostTable) LookupCluster(req *bfe_basic.Request) error
{
    var clusterName string
    // get route rules
    rules, ok := t.productRouteTable[req.Route.Product]
    if !ok {
        ...
    }

    // matching route rules
    for _, rule := range rules {
        if rule.Cond.Match(req) {
            clusterName = rule.ClusterName
            break
        }
    }
    ...
```

```
    // set clusterName
    req.Route.ClusterName = clusterName
    return nil
}
```

## 14.5　负载均衡实现

租户的**后端集群**一般包含了多个子集群，每个**后端子集群**分别部署在不同地域不同机房中。每个子集群包含了一组处理能力具有差异化的**后端实例**。

业务通常采用多个后端子集群方式来管理后端服务，这可以带来如下好处。

（1）多个子集群属于不同的故障隔离域，当某个子集群出现故障（如分级变更上线异常）时，可以通过快速切换流量来止损并提升整体可用性。

（2）多个子集群分布在离用户更近的位置，可支持就近处理用户请求并优化访问体验。

（3）多个子集群同时服务来提升整体容量，以满足高并发的互联网用户请求。

相对应地，BFE 的流量负载均衡包含了两个层级。

（1）全局负载均衡（GSLB）。BFE 集群利用全量的用户流量、后端容量、网络情况，在多个后端子集群之间实现负载均衡，以实现全局近实时决策优化，满足就近分发、调度止损和过载保护等目标。

（2）**分布式负载均衡**：BFE 实例独立地将某个子集群的流量，在其多个后端实例之间实现负载均衡，以实现细粒度实时负载均衡，满足实例均衡、异常实例屏蔽和重试容错等目标。

## 14.5.1　全局负载均衡

BFE 在后端集群的多个子集群之间，采用基于 WRR 算法的负载均衡策略。算法实现详见均衡模块 bfe_balance/bal_gslb/bal_gslb.go:subCluster Balance()。

全局负载均衡算法包括如下两个执行步骤。

（1）请求亲缘性及分桶处理。

（2）请求桶分配及均衡。

### 1. 请求亲缘性及分桶处理

用户请求可能具有亲缘性，即需要将特定请求常态固定转发给某个子集群。例如：

（1）来自某个用户的请求，常态固定转发给某个子集群处理，以便于用户分组管理。

（2）包含某个查询的请求，常态固定转发给某个子集群处理，以满足缓存友好性。

为实现感知请求内容的负载均衡，BFE 支持以下三种方式标识请求。

（1）基于请求指定 Header 或 Cookie。

（2）基于请求来源 IP 地址。

（3）优先基于请求指定 Header 或 Cookie，在缺失情况下基于请求 IP。

示例如下：

```go
// bfe_balance/bal_gslb/bal_gslb.go

switch *bal.hashConf.HashStrategy {
    case cluster_conf.ClientIdOnly:
        hashKey = getHashKeyByHeader(req, *bal.hashConf.Hash
Header)

    case cluster_conf.ClientIpOnly:
        hashKey = clientIP

    case cluster_conf.ClientIdPreferred:
        hashKey = getHashKeyByHeader(req, *bal.hashConf.Hash
Header)
        if hashKey == nil {
            hashKey = clientIP
        }
    }

// if hashKey is empty, use random value
if len(hashKey) == 0 {
    hashKey = make([]byte, 8)
    binary.BigEndian.PutUint64(hashKey, rand.Uint64())
}

return hashKey
```

算法将用户的请求切分为 100 个桶，并基于指定策略（如基于请求 Cookie 中的用户 ID），将特定请求固定哈希到其中某个桶。

```go
// bfe_balance/bal_slb/bal_rr.go

func GetHash(value []byte, base uint) int {
    var hash uint64
```

```
if value == nil {
    hash = uint64(rand.Uint32())
} else {
    hash = murmur3.Sum64(value)
}
return int(hash % uint64(base))
}
```

### 2．请求桶分配及均衡

算法将 100 个桶分配给权重和为 100 的所有子集群，如图 14.5 所示。

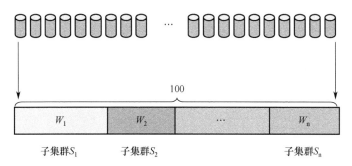

图 14.5　请求桶在多个子集群间的分配

例如，后端集群包含 3 个子集群 $S_1$、$S_2$、$S_3$，其权重分别为 $W_1$、$W_2$、$W_3$，并且 $W_1 + W_2 + W_3 = 100$，得到如下结果。

（1）子集群 $S_1$ 分配到桶号范围为 $[0, W_1)$。

（2）子集群 $S_2$ 分配到桶号范围为 $[W_1, W_1+W_2)$。

（3）子集群 $S_3$ 分配到桶号范围为 $[W_1+ W_2, 100)$。

示例如下：

```
// bfe_balance/bal_gslb/bal_gslb.go

// Calculate bucket number for incoming request
```

```
w = bal_slb.GetHash(value, uint(bal.totalWeight))

for i := 0; i < len(bal.subClusters); i++ {
    subCluster = bal.subClusters[i]

    // Find target subcluster for specified bucket
    w -= subCluster.weight
    if w < 0 {
        return subCluster, nil
    }
}

// Never come here
return nil, err.News("subcluster balancing failure")
```

## 14.5.2　分布式负载均衡

BFE 在后端子集群的多个实例之间支持多种负载均衡策略，具体如下。

（1）WRR: 加权轮询策略。

（2）WLC: 加权最小连接数策略。

算法实现详见 bfe_balance/bal_slb/bal_rr.go:Balance()。本节仅以 WRR 算法为例并结合示例场景做重点介绍。

### 步骤 1：初始随机排序后端实例列表

BFE 各转发实例在初始加载（或更新）后端子集群实例时，对实例列表进行预处理并随机排序。示例如下：

```
// bfe_config/bfe_cluster_conf/cluster_table_conf/cluster_table_
load.go
```

```
func (allClusterBackend AllClusterBackend) Shuffle() {
    for _, clusterBackend := range allClusterBackend {
        for _, backends := range clusterBackend {
            backends.Shuffle()
        }
    }
}
```

这是为了避免在 BFE 转发实例较多的情况下，由于各 BFE 转发实例产生相同的均衡结果，从而导致负载不均的情况。举例说明，假如 BFE 集群规模是 1000 个实例，实际到达用户请求是每秒 1000 次查询，后端子集群包含了 10 个后端实例，则可能会周期性出现如下情况。

（1）第 1 秒各 BFE 转发实例仅向第一个后端实例转发 1000 个请求。

（2）第 2 秒各 BFE 转发实例仅向第二个后端实例转发 1000 个请求。

（3）依次类推。

BFE 通过预先随机打乱后端子集群实例顺序，来避免以上负载不均的问题。

**步骤 2：平滑均衡选择后端实例**

在后端实例权重差异较大的情况下，也可能会出现负载不均的情况。具体表现为，虽然一个周期内各实例被选中次数满足相应权重比例，但可能出现权重较大的实例连续多次被选择，而使得其他低权重的实例在较长时间内都未被分配流量。

为避免负载不均的情况出现，BFE 使用了如下 WRR 算法，简化的算法伪代码如下：

```go
// bfe_balance/bal_slb/bal_rr.go

func smoothBalance(backs BackendList) (*backend.BfeBackend,
error) {
    var best *BackendRR
    total, max := 0, 0

    for _, backendRR := range backs {
        backend := backendRR.backend

        // select backend with greatest current weight
        if best == nil || backendRR.current > max {
            best = backendRR
            max = backendRR.current
        }
        total += backendRR.current

        // update current weight
        backendRR.current += backendRR.weight
    }

    // update current weight for chosen backend
    best.current -= total

    return best.backend, nil
}
```

算法针对每个实例维护了两个参数：实例权重和实例偏好指数。每次算法从所有可用后端列表中选出最佳后端的过程如下。

（1）选择实例偏好指数最大的实例。

（2）更新各实例偏好指数，分别对各实例的偏好指数值加上该实例权重。

（3）对于选中实例，对其偏好指数值减去所有实例的偏好指数（在加上实例权重之前的值）总和。

例如，假设后端子集群包含三个后端实例 a、b、c，权重分别为 5、1、1。如果基于以上算法，选择的过程如表 14.1 所示。

表 14.1　后端实例选择过程的示例

| 轮　　数 | 选择前偏好指数 | 选 中 节 点 | 选择后偏好指数 |
| --- | --- | --- | --- |
| 1 | 5　1　1 | a | 3　2　2 |
| 2 | 3　2　2 | a | 1　3　3 |
| 3 | 1　3　3 | b | 6　−3　4 |
| 4 | 6　−3　4 | a | 4　−2　5 |
| 5 | 4　−2　5 | c | 9　−1　−1 |
| 6 | 9　−1　−1 | a | 7　0　0 |
| 7 | 7　0　0 | a | 5　1　1 |

# 第 15 章

# 模块插件机制

为了便于增加新的功能，BFE 定义了一套完整的模块插件机制，支持快速开发新的模块。BFE 模块插件机制的要点如下。

（1）在 BFE 的转发过程中，提供多个回调点。

（2）对于一个模块，可以针对这些回调点对应编写回调函数。

（3）在模块初始化时，把这些回调函数注册到对应的回调点。

（4）在处理一个连接或请求时，当执行到某个回调点时，会顺序执行所有注册的回调函数。

本章首先简要介绍 BFE 的回调点设置，并列出 BFE 内置的扩展模块，然后介绍模块框架的实现机制，最后结合一个具体例子介绍如何开发 BFE 扩展模块。

## 15.1　BFE 的回调点设置

在 BFE 中，设置了以下 9 个回调点。

（1）HandleAccept: 位于和客户端的 TCP 连接建立后。

（2）HandleHandshake：位于和客户端的 SSL 或 TLS 握手完成后。

（3）HandleBeforeLocation：位于确定租户（产品线）之前。

（4）HandleFoundProduct：位于确定租户（产品线）之后。

（5）HandleAfterLocation：位于确定集群之后。

（6）HandleForward：位于确定子集群和实例之后，以及转发请求之前。

（7）HandleReadResponse：位于转发请求之后。

（8）HandleRequestFinish：位于转发响应处理完毕后。

（9）HandleFinish：位于和客户端的 TCP 连接关闭后。

关于回调点的定义，可以查看/bfe_module/bfe_callback.go。BFE 转发过程中的回调点设置如图 15.1 所示。

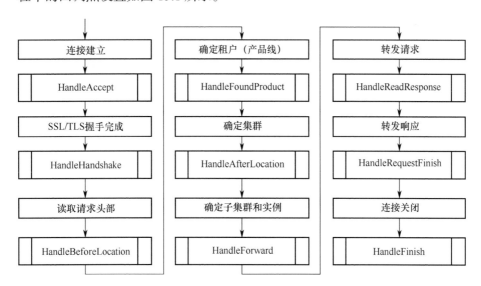

图 15.1　BFE 转发过程中的回调点设置

## 15.2 BFE 内置的扩展模块

在 BFE 源代码的 bfe_modules/<module_name>目录中内置了大量的扩展模块，其简要说明如表 15.1 所示。

**表 15.1 BFE 内置扩展模块列表**

| 扩展模块类别 | 扩展模块名称 | 扩展模块说明 |
|---|---|---|
| 流量管理 | mod_rewrite | 根据自定义条件，修改请求的 URI |
| | mod_header | 根据自定义条件，修改请求或响应的头部 |
| | mod_redirect | 根据自定义条件，对请求进行重定向 |
| | mod_geo | 基于地理信息字典，通过用户 IP 获取相关的地理信息 |
| | mod_tag | 根据自定义条件，为请求设置 Tag 标识 |
| | mod_logid | 用来生成请求标识及会话标识 |
| | mod_trust_clientip | 基于配置信任 IP 列表，检查并标识访问用户真实 IP 是否属于信任 IP |
| | mod_doh | 支持 DNS over HTTPS |
| | mod_compress | 根据自定义条件，支持对响应主体压缩 |
| | mod_errors | 根据自定义条件，将响应内容替换为重定向至指定错误页 |
| | mod_static | 根据自定义条件，返回静态文件作为响应 |
| | mod_userid | 根据自定义条件，为新用户自动在 Cookie 中添加用户标识 |
| | mod_markdown | 根据自定义条件，将响应中 Markdown 格式内容转换为 HTML 格式 |
| 安全防攻击 | mod_auth_basic | 根据自定义条件，支持 HTTP 基本认证 |
| | mod_auth_jwt | 根据自定义条件，支持 JWT（JSON Web Token）认证 |
| | mod_auth_request | 根据自定义条件，支持将请求转发给认证服务，再进行认证 |
| | mod_block | 根据自定义条件，对连接或请求进行封禁 |
| | mod_prison | 根据自定义条件，限定单位时间用户的访问频次 |
| | mod_waf | 根据自定义条件，对请求执行应用防火墙规则检测或封禁 |
| | mod_cors | 根据自定义条件，设置跨源资源共享策略 |
| | mod_secure_link | 根据自定义条件，对请求签名或有效期进行验证 |
| 流量可见性 | mod_access | 以指定格式记录请求日志和会话日志 |
| | mod_key_log | 以 NSS Key Log 格式记录 TLS 会话密钥，便于基于解密分析 TLS 密文流量诊断分析 |
| | mod_trace | 根据自定义条件，为请求开启分布式跟踪 |
| | mod_http_code | 统计 HTTP 响应状态码 |

可以通过访问 BFE 实例的监控地址 http://localhost:8299/monitor/
module_handlers，查看当前运行的 BFE 实例中所有的回调点，以及在各回调点注册的模块回调函数列表和顺序。

## 15.3　模块框架的实现机制

与模块相关的代码如表 15.2 所示。

**表 15.2　BFE 中和模块相关的代码**

| 代 码 目 录 | 说　　明 |
| --- | --- |
| bfe_module | 包含了模块基础类型的定义，如模块的接口、模块回调类型、回调链类型和回调框架类型 |
| bfe_modules | 包含了内置模块的实现，如流量管理、安全防攻击、流量可见性等类别的各种模块 |
| bfe_server | 实现了连接/请求处理的生命周期的管理，并在关键处理阶段设置了回调点。注册在这些回调点的模块回调函数链，将被顺序执行，从而支持对连接/请求的定制化处理 |

### 15.3.1　模块基础类型

本节介绍在模块框架中用到的几个基础类型：模块、回调类型、回调链和回调框架。

#### 1. 模块

BFE 模块代表一个高内聚、低耦合并实现特定流量处理功能（如检测、过滤、改写等）的代码单元。

每个模块需满足如下模块接口：

（1）Name()方法返回模块的名称。

（2）Init()方法用于执行模块的初始化。

示例如下：

```
// bfe_module/bfe_module.go

type BfeModule interface {
    // Name returns the name of module.
    Name() string

    // Init initializes the module. The cbs are callback
handlers for
    // processing connection or request/response. The whs are
web monitor
    // handlers for exposing internal status or reloading
specified
    // configuration. The cr is the root path of module config
uration
    // files.
    Init(cbs *BfeCallbacks, whs *web_monitor.WebHandlers, cr
string) error
}
```

模块除需要实现以上基础接口外，往往还需实现特定回调接口，并针对连接或请求实现自定义逻辑。关于回调类型将在下面详述。

## 2．回调类型

在 BFE 中按需求场景定义了如下 5 种回调类型，用于处理连接、请求或响应。示例如下：

```go
// bfe_module/bfe_filter.go

// RequestFilter filters incomming requests and return a
response or nil.
// Filters are chained together into a HandlerList.
type RequestFilter interface {
    FilterRequest(request *bfe_basic.Request) (int,
*bfe_http.Response)
}


// ResponseFilter filters outgoing responses. This can be used
to modify
// the response before it is sent.
type ResponseFilter interface {
    FilterResponse(req *bfe_basic.Request, res *bfe_http.
Response) int
}


// AcceptFilter filters incoming connections.
type AcceptFilter interface {
    FilterAccept(*bfe_basic.Session) int
}


// ForwardFilter filters to forward request
type ForwardFilter interface {
    FilterForward(*bfe_basic.Request) int
}


// FinishFilter filters finished session(connection)
type FinishFilter interface {
    FilterFinish(*bfe_basic.Session) int
}
```

BFE 各回调类型的详细说明见表 15.3。

表 15.3　回调类型

| 回 调 类 型 | 说　明 | 示例自定义逻辑 |
|---|---|---|
| RequestFilter | 回调函数用于处理到达的请求，并可直接返回响应或继续向下执行 | 检测请求并限流；<br>重定向请求；<br>修改请求内容并继续执行 |
| ResponseFilter | 回调函数用于处理到达的响应，并可修改响应并继续向下执行 | 修改响应的内容；<br>对响应进行压缩；<br>统计响应状态码；<br>记录请求日志 |
| AcceptFilter | 回调函数用于处理到达的连接，并可关闭连接或继续向下执行 | 检测连接并限流；<br>记录连接的 TLS 握手信息并继续执行 |
| ForwardFilter | 回调函数用于处理待转发的请求，并可修改请求的目标后端实例 | 修改请求的目标后端实例并继续执行 |
| FinishFilter | 回调函数用于处理完成的连接 | 记录会话日志并继续执行 |

回调函数的返回值决定了回调函数在执行完成后的后续操作，回调函数的返回值有以下几种可能的取值：

```go
// bfe_module/bfe_handler_list.go

// Return value of handler.
const (
    BfeHandlerFinish   = 0 // to close the connection after
response
    BfeHandlerGoOn     = 1 // to go on next handler
    BfeHandlerRedirect = 2 // to redirect
    BfeHandlerResponse = 3 // to send response
    BfeHandlerClose    = 4 // to close the connection directly,
            // with no data sent.
)
```

各返回值代表的含义见表 15.4 中的说明。

表 15.4　BFE 模块的回调函数返回值

| 回调函数返回值 | 含 义 说 明 |
|---|---|
| BfeHandlerFinish | 直接返回响应，在响应发送完成后关闭连接 |
| BfeHandlerGoOn | 继续向下执行 |
| BfeHandlerRedirect | 直接返回重定向响应 |
| BfeHandlerResponse | 直接返回指定的响应 |
| BfeHandlerClose | 直接关闭连接 |

### 3．回调链

回调链（HandlerList）代表了多个回调函数构成的有序列表。一个回调链中的回调函数类型是相同的。示例如下：

```
// bfe_module/bfe_handler_list.go

// HandlerList type.
const (
    HandlersAccept   = 0    // for AcceptFilter
    HandlersRequest  = 1    // for RequestFilter
    HandlersForward  = 2    // for ForwardFilter
    HandlersResponse = 3    // for ResponseFilter
    HandlersFinish   = 4    // for FinishFilter
)

type HandlerList struct {
    handlerType int         // type of handlers (filters)
    handlers    *list.List  // list of handlers (filters)
}
```

### 4．回调框架

回调框架管理了 BFE 中所有回调点对应的回调链。示例如下：

```
// bfe_module/bfe_callback.go

// Callback point.
const (
    HandleAccept         = 0
    HandleHandshake      = 1
    HandleBeforeLocation = 2
    HandleFoundProduct   = 3
    HandleAfterLocation  = 4
    HandleForward        = 5
    HandleReadResponse   = 6
    HandleRequestFinish  = 7
    HandleFinish         = 8
)


type BfeCallbacks struct {
    callbacks map[int]*HandlerList
}
```

不同回调点可注册的回调函数类型不同，具体情况见表 15.5 中的说明。

表 15.5　各回调点对应的回调函数类型

| 回　调　点 | 回调点含义 | 回调函数类型 |
| --- | --- | --- |
| HandleAccept | 与用户端连接建立成功后 | AcceptFilter |
| HandleHandshake | 与用户端 TLS 握手成功后 | AcceptFilter |
| HandleBeforeLocation | 请求执行租户路由前 | RequestFilter |
| HandleFoundProduct | 请求执行租户路由后 | RequestFilter |
| HandleAfterLocation | 请求执行集群路由后 | RequestFilter |
| HandleForward | 请求向后端转发前 | ForwardFilter |
| HandleReadResponse | 读取到后端响应头时 | ResponseFilter |
| HandleRequestFinish | 向用户端发送响应完成时 | ResponseFilter |
| HandleFinish | 与用户端连接处理完成时 | FinishFilter |

## 15.3.2　连接/请求处理及回调函数的调用

BFE 在转发中对"连接"或"请求"的处理过程及回调点设置见本章 15.1 节"BFE 的回调点设置"中的说明。在各回调点，BFE 将查询指定回调点注册的回调链，并按顺序执行回调链中的各回调函数。

例如，BFE 在接收到用户请求头时，将查询在 HandleBeforeLocation 回调点注册的回调链，然后按顺序执行各回调函数，并基于返回值决定后续操作。示例如下：

```
// bfe_server/reverseproxy.go

// Get callbacks for HandleBeforeLocation
hl=srv.CallBacks.GetHandlerList(bfe_module.HandleBeforeLocation)
if hl != nil {
   // process FilterRequest handlers
   retVal, res = hl.FilterRequest(basicReq)
   basicReq.HttpResponse = res

   switch retVal {
   case bfe_module.BfeHandlerClose:
      // Close the connection directly (without reply)
      action = closeDirectly
      return

   case bfe_module.BfeHandlerFinish:
      // Close the connection after response
      action = closeAfterReply
      basicReq.BfeStatusCode =
```

```
                    bfe_http.StatusInternalServerError
      return

   case bfe_module.BfeHandlerRedirect:
      // Make an redirect
      Redirect(rw, req, basicReq.Redirect.Url,
                basicReq.Redirect.Code,
                basicReq.Redirect.Header)
      isRedirect = true
      basicReq.BfeStatusCode = basicReq.Redirect.Code
      goto send_response

   case bfe_module.BfeHandlerResponse:
      // Send the generated response
      goto response_got
   }
}
```

## 15.4 如何开发 BFE 扩展模块

在为 BFE 编写一个新的模块时，需要考虑如下 3 方面。

（1）配置加载。

（2）回调函数的编写和注册。

（3）模块状态的展示。

在本节的讲述中，将以 mod_block 的实现作为例子，mod_block 的代码
位于/bfe_modules/mod_block。

## 15.4.1 配置加载

首先介绍如何实现 BFE 扩展模块的配置加载。

### 1．配置的分类

一个模块包括两种配置。

（1）静态加载的配置：在 BFE 程序启动的时候加载。对每个模块有一个这样的配置文件——配置文件的名字和模块名字一致，并以.conf 结尾，如 mod_block.conf。

（2）可动态加载的配置：在 BFE 程序启动的时候加载，在 BFE 运行过程中也可以动态加载。对每个模块可以有一个或多个这样的配置文件，配置文件的名字一般以.data 结尾。对于每一个配置文件，应编写独立的加载逻辑，如在 mod_block 下有 block_rules.data 和 ip_blocklist.data。

### 2．配置文件的放置

模块的配置文件应该统一放置于/conf 目录下为每个模块独立建立的目录中，如 mod_block 的配置文件都放置在/conf/mod_block 中。

### 3．配置加载的检查

无论是静态加载的配置，还是可动态加载的配置，为了保证程序正常运行，在配置加载的时候，都需要对配置文件的正确性进行检查。

在 BFE 程序启动阶段，如果模块的配置文件加载失败，BFE 则无法启动。在 BFE 程序启动后，如果模块的可动态加载配置文件加载失败，BFE 仍然会继续运行。

### 4. 配置的可动态加载

对于可动态加载的配置，需要在 BFE 用丁监控和加载的专用 Web 服务器上做回调注册。这样，通过访问 BFE 对外监控端口的特定 URL，就可以触发某个配置的动态加载。

例如，在 mod_block 的初始化函数中，可以看到类似下面的代码逻辑，该逻辑就是在注册配置加载的回调函数（详见/bfe_modules/mod_block/mod_block.go）：

```
// register web handler for reload
err = whs.RegisterHandler(web_monitor.WebHandleReload,
                          m.name, m.loadConfData)
if err != nil {
...
}
```

## 15.4.2　回调函数的编写和注册

BFE 扩展模块依靠注册回调函数来实现期望的功能，本节介绍如何编写和注册回调函数。

### 1. 回调函数的编写

根据模块的功能需求选择合适的回调点，并编写对应的回调函数。

注意，对于不同的回调点，回调函数的形式可能不同。BFE 所提供的回调点和回调函数的形式，可参考本章 15.3 节中的说明。

例如，在 mod_block 中，编写了以下两个回调函数（详见 mod_block.go）：

```
func (m *ModuleBlock) globalBlockHandler(session
*bfe_basic.Session) int {
    ...
}


func (m *ModuleBlock) productBlockHandler(request *bfe_basic.
Request) (int, *bfe_http.Response) {
    ...
}
```

### 2．回调函数的注册

为了让回调函数生效，需要在模块初始化的时候对回调函数进行注
册。例如，在 mod_block 中，回调函数的注册代码逻辑如下（详见 mod_
block.go）:

```
func (m *ModuleBlock) Init(cbs *bfe_module.BfeCallbacks, whs
*web_monitor.WebHandlers, cr string) error {
    ...
    // register handler
    err = cbs.AddFilter(bfe_module.HandleAccept,
                    m.globalBlockHandler)
    if err != nil {
        ...
    }


    err = cbs.AddFilter(bfe_module.HandleFoundProduct,
                    m.productBlockHandler)
    if err != nil {
        ...
    }
    ...
}
```

### 15.4.3　模块状态的展示

对于每个 BFE 模块，强烈推荐通过 BFE 规定的机制向外暴露足够的内部状态信息。

模块对外暴露内部状态信息，需要做到以下 3 步。

（1）定义状态变量。

（2）注册显示内部状态的回调函数。

（3）在代码中插入统计逻辑。

#### 1.　定义状态变量

首先，设计出在模块中需要统计哪些值，并通过结构体成员变量的方式定义出来，例如，在 mod_block 中，有如下定义（详见 mod_block.go）：

```
type ModuleBlockState struct {
    ConnTotal    *metrics.Counter    // all connnetion checked
    ConnAccept   *metrics.Counter    // connection passed
    ConnRefuse   *metrics.Counter    // connection refused
    ReqTotal     *metrics.Counter    // all request in
    ReqToCheck   *metrics.Counter    // request to check
    ReqAccept    *metrics.Counter    // request accepted
    ReqRefuse    *metrics.Counter    // request refused
    WrongCommand *metrics.Counter    //  request  with  condition
satisfied,
                                     //but wrong command
}
```

然后，要在 ModuleBlock 中定义一个类型为 ModuleBlockState 的成员

变量，还需要定义一个 Metrics 类型的成员变量，用于相关计算。

```
type ModuleBlock struct {
    ...
    state   ModuleBlockState // module state
    metrics metrics.Metrics
    ...
```

最后，需要在构造函数中做初始化操作：

```
func NewModuleBlock() *ModuleBlock {
    m := new(ModuleBlock)
    m.name = ModBlock
    m.metrics.Init(&m.state, ModBlock, 0)
    ...
}
```

### 2. 注册显示内部状态的回调函数

为了通过 BFE 的监控端口查看模块的内部状态，首先需要实现回调函数，例如，在 mod_block 中，有如下代码逻辑（详见 mod_block.go），其中monitorHandlers()是回调函数。

```
func (m *ModuleBlock) getState(params map[string][]string)
([]byte, error) {
    s := m.metrics.GetAll()
    return s.Format(params)
}

func (m *ModuleBlock) getStateDiff(params map[string][]string)
([]byte, error) {
    s := m.metrics.GetDiff()
    return s.Format(params)
}
```

```
func (m *ModuleBlock) monitorHandlers() map[string]
interface{} {
    handlers := map[string]interface{}{
        m.name:           m.getState,
        m.name + ".diff": m.getStateDiff,
    }
    return handlers
}
```

然后，在模块初始化时，需要注册以下回调函数：

```
// register web handler for monitor
err = web_monitor.RegisterHandlers(whs,
        web_monitor.WebHandleMonitor,
        m.monitorHandlers())
if err != nil {
    ...
}
```

### 3. 在代码中插入统计逻辑

在模块的执行逻辑中，可以插入一些统计逻辑的代码，例如，在 mod_block 中，可以看到如下代码（详见 mod_block.go）：

```
func (m *ModuleBlock) globalBlockHandler(session *bfe_basic.
Session) int {
    ...
    m.state.ConnTotal.Inc(1)
    ...
}
```

# 第 16 章

# 核心协议实现

BFE 的 HTTP/HTTP2/SPDY/WebSocket/TLS 等网络协议基于 Go 语言官方开源协议库。为更好地满足反向代理的需求场景，我们在 BFE 中进行了二次定制开发，包括性能优化、防攻击机制完善、兼容性改进和增加探针等。

本章重点介绍 HTTP/HTTP2 的实现；SPDY 的实现与 HTTP2 的实现非常相似，这里不再赘述；其他协议的实现可参考第 14 章 14.1 节 "BFE 的代码组织" 中的说明来查阅对应源代码。

## 16.1　HTTP 的实现

首先简要介绍 HTTP 的实现。

### 16.1.1　HTTP 代码的组织

在 bfe_http 目录下包含如下代码：

```
$ ls bfe/bfe_http
chunked.go      cookie.go    header_test.go
readrequest_test.go  response.go  sniff.go
transfer_test.go chunked_test.go cookie_test.go  httputil
request.go   response_test.go    state.go  transport.go
client.go    eof_reader.go  lex.go
request_test.go response_writer.go    status.go common.go
header.go    lex_test.go    requestwrite_test.go
responsewrite_test.go transfer.go
```

各文件的功能见表 16.1 中的说明。

表 16.1　bfe_http 中各文件的功能说明

| 类　　别 | 文件名或目录 | 说　　明 |
| --- | --- | --- |
| 基础类型 | common.go | HTTP 基础数据类型定义 |
| | state.go | HTTP 内部状态指标 |
| | eof_reader.go | EofReader 类型定义，实现了 io.ReadCloser 接口，并永远返回 EOF |
| 协议消息 | request.go | HTTP 请求类型的定义、读取及发送 |
| | response.go | HTTP 响应类型的定义、读取及发送 |
| | header.go | HTTP 头部类型定义及相关操作 |
| | cookie.go | HTTP Cookie 字段的处理 |
| | status.go | HTTP 响应状态码定义 |
| | lex.go | HTTP 合法字符表 |
| 消息收发 | client.go | RoundTripper 接口定义，支持并发的发送请求，并获取响应 |
| | transport.go | HTTP 连接池管理，实现了 RoundTripper 接口，在反向代理场景中用于管理与后端的 HTTP 通信 |
| | transfer.go | transferWriter/transferReader 类型定义，在反向代理场景中用于向后端流式发送请求及读取响应 |
| | response_writer.go | ResponseWriter 类型定义，在反向代理场景中用于构造响应并发送 |
| 辅助工具 | httputil | HTTP 相关辅助函数 |
| | chunked.go | HTTP Chunked 编码处理 |
| | sniff.go | HTTP MIME（Multipurpose Internet Mail Extensions，多用途互联网邮件扩展）检测算法实现 |

## 16.1.2　从用户读取 HTTP 请求

在 bfe_http/request.go 文件中实现了从 HTTP 连接上读取一个 HTTP 请求，具体包括以下步骤。

（1）读取 HTTP 请求行并解析请求方法、URI 及协议版本号。

（2）读取 HTTP 请求头并解析。

（3）读取 HTTP 请求主体。

示例如下：

```go
// bfe_http/request.go

// ReadRequest reads and parses a request from b.
func ReadRequest(b *bfe_bufio.Reader, maxUriBytes int) (req
*Request, err error) {
    tp := newTextprotoReader(b)
    req = new(Request)
    req.State = new(RequestState)

    // Read first line (eg. GET /index.html HTTP/1.0)
    var s string
    if s, err = tp.ReadLine(); err != nil {
        return nil, err
    }
    ...

    // Parse request method, uri, proto
    var ok bool
    req.Method, req.RequestURI, req.Proto, ok = parseRequest
```

```
Line(s)
    if !ok {
        return nil, &badStringError{"malformed HTTP request", s}
    }
    rawurl := req.RequestURI
    if req.ProtoMajor,req.ProtoMinor,ok = ParseHTTPVersion(req.
Proto);!ok {
        return nil, &badStringError{"malformed HTTP version",
req.Proto}
    }
    if req.URL, err = url.ParseRequestURI(rawurl); err != nil {
    return nil, err
    }
    ...

    // Read and parser request header
    mimeHeader, headerKeys, err := tp.ReadMIMEHeaderAndKeys()
    if err != nil {
        return nil, err
    }
    req.Header = Header(mimeHeader)
    req.HeaderKeys = headerKeys
    ...

    // Read request body
    err = readTransfer(req, b)
    if err != nil {
        return nil, err
    }

    return req, nil
}
```

　　注意在最后一个步骤中，readTransfer（req，b）并未直接将请求内容立即读取到内存中。如果这样做，会大大增加反向代理的内存开销，同时也会增加请求转发延迟。

　　在 readTransfer 函数中，根据请求方法、传输编码和请求主体长度，返回满足 io.ReadCloser 接口类型的不同实现，用于按需读取请求内容。示例如下：

```
// bfe_http/transfer.go

// Prepare body reader. ContentLength < 0 means chunked encoding
// or close connection when finished, since multipart is not
supported yet
switch {
case chunked(t.TransferEncoding):
    if noBodyExpected(t.RequestMethod) {
        t.Body = EofReader
    } else {
        t.Body = &body{src: newChunkedReader(r), hdr: msg,
                    r: r, closing: t.Close}
    }

case realLength == 0:
    t.Body = EofReader

case realLength > 0:
    // set r for peek data from body
    t.Body = &body{src: io.LimitReader(r, realLength), r: r,
                closing: t.Close}

default:
    // realLength < 0, i.e. "Content-Length" not mentioned in
```

```
header
    if t.Close {
        // Close semantics (i.e. HTTP/1.0)
        t.Body = &body{src: r, closing: t.Close}
    } else {
        // Persistent connection (i.e. HTTP/1.1)
        t.Body = EofReader
    }
}
```

## 16.1.3　向后端转发请求并获取响应

在 bfe_http/transport.go 中，Transport 类型实现了 RoundTripper 接口，支持发送请求并获取响应。主要包括以下步骤。

（1）检查请求的合法性。

（2）从连接池获取到目的后端的闲置连接或新建连接（如无闲置连接）。

（3）使用该连接发送请求，并读取响应。

连接的数据类型是 persistConn，包含的核心成员如下：

```
// bfe_http/transport.go

// persistConn wraps a connection, usually a persistent one
// (but may be used for non-keep-alive requests as well)
type persistConn struct {
    t        *Transport
    cacheKey string    // its connectMethod.String()
    conn     net.Conn
    closed   bool      // whether conn has been closed
```

```
    reqch    chan requestAndChan // written by roundTrip; read by
readLoop
    writech  chan writeRequest   // written by roundTrip; read by
writeLoop
    closech  chan struct{}       // broadcast close when readLoop
(TCP
                                 // connection) closes
    ...
}
```

同时，persistConn 包含两个相关协程 writeLoop()和 readLoop()，分别用于向后端连接发送请求及读取响应。

```
// bfe_http/transport.go

func (pc *persistConn) writeLoop() {
    defer close(pc.closech)
    ...
    for {
        select {
        case wr := <-pc.writech:
            ...
            // Write the HTTP request and flush buffer
            err := wr.req.Request.write(pc.bw,pc.isProxy,wr.req.
extra)
            if err == nil {
                err = pc.bw.Flush()
            }
            if err != nil {
                err = WriteRequestError{Err: err}
                pc.markBroken()
            }
            // Return the write result
```

```
        wr.ch <- err
    case <-pc.closech:
        return
    }
  }
}


func (pc *persistConn) readLoop() {
    defer close(pc.closech)
    ...
    alive := true
    for alive {
        ...
        rc := <-pc.reqch
        var resp *Response
        if err == nil {
            // Read the HTTP response
            resp, err = ReadResponse(pc.br, rc.req)
            ...
        }
        ...
        if err != nil {
            pc.close()
        } else {
            ...
            // Wrapper the HTTP Body
            resp.Body = &bodyEOFSignal{body: resp.Body}
        }
        ...

        // Return the read result
        if err != nil {
```

```
        err = ReadRespHeaderError{Err: err}
    }
    rc.ch <- responseAndError{resp, err}
    ...
    }
}
```

## 16.1.4　向用户回复 HTTP 响应

反向代理通过 ResponseWriter 接口构造及发送响应，具体包括以下
接口。

（1）Header()：通过该方法设置响应头。

（2）WriteHeader()：通过该方法设置响应状态码并发送响应头。

（3）Write()：通过该方法发送响应主体数据。

示例如下：

```
// bfe_http/response_writer.go

// A ResponseWriter interface is used by an HTTP handler to
// construct an HTTP response.
type ResponseWriter interface {
    // Header returns the header map that will be sent by
WriteHeader.
    // Changing the header after a call to WriteHeader (or Write)
has
    // no effect.
    Header() Header

    // Write writes the data to the connection as part of an
```

```
HTTP reply.
    // If WriteHeader has not yet been called, Write calls
    // WriteHeader(http.StatusOK) before writing the data.
    // If the Header does not contain a Content-Type line, Write
adds a
    // Content-Type set to the result of passing the initial 512
bytes of
    // written data to DetectContentType.
    Write([]byte) (int, error)

    // WriteHeader sends an HTTP response header with status
code.
    // If WriteHeader is not called explicitly, the first call
to Write
    // will trigger an implicit WriteHeader(http.StatusOK).
    // Thus explicit calls to WriteHeader are mainly used to
    // send error codes.
    WriteHeader(int)
}
```

在 bfe_server/response.go 文件中实现了 ResponseWriter 接口，并用于发送 HTTP/HTTPS 响应。

## 16.2 HTTP2 的实现

本节介绍 HTTP2 的实现。

### 16.2.1 HTTP2 代码的组织

在 bfe_http2 目录下包含如下代码：

```
$ls bfe/bfe_http2
errors.go  flow_test.go   headermap.go  http2_test.go
server_test.go transport.go  z_spec_test.go errors_test.go
frame.go   hpack          priority_test.go state.go  write.go
flow.go                frame_test.go  http2.go        server.go
testdata   writesched.go
```

各文件的功能见表 16.2 中的说明。

表 16.2　bfe_http2 中各文件的功能说明

| 类　　别 | 文　　件 | 说　　明 |
|---|---|---|
| 流处理层 | server.go | HTTP2 连接核心处理逻辑 |
| | flow.go | HTTP2 流量控制窗口 |
| | writesched.go | HTTP2 协议帧发送优先级队列 |
| 帧处理层 | frame.go | HTTP2 协议帧定义及解析 |
| | write.go | HTTP2 协议帧发送方法 |
| | hpack 下的文件 | HTTP2 头部压缩算法 HPACK |
| 基础数据类型 | headermap.go | HTTP2 常见请求头定义 |
| | errors.go | HTTP2 错误定义 |
| | state.go | HTTP2 内部状态指标 |
| 辅助工具 | transport.go | 封装了 HTTP2 客户端；仅用于与后端实例通信 |

## 16.2.2　HTTP2 连接处理模块

BFE 在接收到一个 HTTP2 连接后，除了创建连接处理主协程，还会创建多个子协程配合完成协议逻辑的处理。单个 HTTP2 连接处理模块结构如图 16.1 所示。

模块内部结构自下向上划分为三个层级。

（1）**帧处理层**。帧处理层实现 HTTP2 协议帧序列化、压缩及传输。帧处理层包含两个独立收发协程，分别负责协议帧的接收与发送。帧处理层与流处理层通过管道通信（RecvChan/SendChan/WroteChan）。

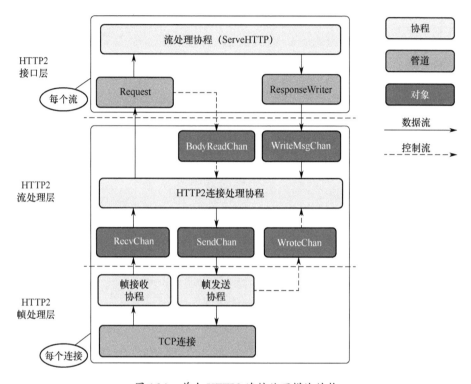

图 16.1　单个 HTTP2 连接处理模块结构

（2）**流处理层。**流处理层实现协议核心逻辑，如流创建、流数据传输、流关闭、多路复用、流优先级和流量控制等。流处理层为每个流创建 Request/ResponseWriter 实例，并在独立协程中运行应用逻辑。

（3）**接口层。**为 HTTP 应用 Handler 提供标准 Request/ResponseWriter 实现，并屏蔽 HTTP2 传输细节。HTTP 应用 Handler 运行在流处理协程中，通过 Request 实例获取 HTTP 请求（读取自特定 HTTP2 流），并通过 ResponseWriter 实例发送 HTTP 响应（发往特定 HTTP2 流）。

## 16.2.3　HTTP2 连接相关协程及关系

每个 HTTP2 连接的各协程，基于 CSP（Communicating Sequential Processes，通信顺序进程）模型协作，具体介绍如下。

### 1．帧处理层的协程

每个 HTTP2 连接包含两个读写协程，分别负责读取或发送 HTTP2 协议帧。

（1）帧接收协程，从连接上读取 HTTP2 协议帧并放入帧接收队列。代码如下：

```
// bfe_http2/server.go

// readFrames is the loop that reads incoming frames.
// It's run on its own goroutine.
func (sc *serverConn) readFrames() {
    gate := make(gate)
    gateDone := gate.Done
    for {
        f, err := sc.framer.ReadFrame()
        ...

        // Send the frame to readFrameCh
        select {
        case sc.readFrameCh <- readFrameResult{f, err, gateDone}:
        case <-sc.doneServing:
            return
        }
```

```
        // Waiting for the frame to be processed
        select {
            case <-gate:
            case <-sc.doneServing:
                return
        }
        ...
    }
}
```

（2）帧发送协程，从帧发送队列获取帧，并写入连接，同时将写结果放入写结果队列 WroteChan。代码如下：

```
// bfe_http2/server.go

// writeFrames runs in its own goroutine and writes frame
// and then reports when it's done.
func (sc *serverConn) writeFrames() {
    var wm frameWriteMsg
    var err error

    for {
        // get frame from sendChan
        select {
        case wm = <-sc.writeFrameCh:
        case <-sc.doneServing:
            return
        }

        // write frame
        err = wm.write.writeFrame(sc)
        log.Logger.Debug("http2: write Frame: %v, %v", wm, err)
```

```
    // report write result
    select {
    case sc.wroteFrameCh <- frameWriteResult{wm, err}:
    case <-sc.doneServing:
        return
    }
  }
}
```

## 2．流处理层的协程

主协程与其他协程通过管道（golang Chan）进行通信，举例如下。

（1）BodyReadChan：请求处理协程读取请求主体后，通过 Body
ReadChan 向主协程发送读结果消息，主协程接收到消息后执行流量控制操
作并更新流量控制窗口。

（2）WriteMsgChan：请求处理协程发送响应后，通过 WriteMsgChan 向
主协程发送写申请消息，主协程接收到消息后，转换为 HTTP2 数据帧并放
入流发送队列。

（3）RecvChan/SendChan/WroteChan：从连接上获取或发送 HTTP2 协
议帧。

示例如下：

```
// bfe_http2/server.go

func (sc *serverConn) serve() {
  ...

  // Write HTTP2 Settings frame and read preface.
  sc.writeFrame(frameWriteMsg{write: writeSettings{...}})
```

```
err := sc.readPreface()
...

// Start readFrames/writeFrames goroutines.
go sc.readFrames()
go sc.writeFrames()

for {
    select {
    case wm := <-sc.wantWriteFrameCh:
        sc.writeFrame(wm)
    case res := <-sc.wroteFrameCh:
        sc.wroteFrame(res)
    case res := <-sc.readFrameCh:
        if !sc.processFrameFromReader(res) {
        return
        }
        ...
    case m := <-sc.bodyReadCh:
        sc.noteBodyRead(m.st, m.n)
    case <-sc.closeNotifyCh: // graceful shutdown
        sc.goAway(ErrCodeNo)
        sc.closeNotifyCh = nil
    ...
    }
}
}
```

## 3. 接口层的协程

每个 HTTP2 连接为应用层封装了 Request 对象及 ResponseWriter 对象，

并创建独立的流处理协程处理请求并返回响应。

（1）流处理协程从 Request 对象中获取请求。

（2）流处理协程向 ResponseWriter 对象发送响应。

代码如下：

```go
// bfe_http2/server.go

func(sc*serverConn) processHeaders(f*MetaHeadersFrame)error{
    sc.serveG.Check()
    id := f.Header().StreamID
    ...

    // Create a new stream
    st = &stream{
        sc:    sc,
        id:    id,
        state: stateOpen,
        isw:   sc.srv.initialStreamRecvWindowSize(sc.rule),
    }
    ...

    // Create the Reqeust and ResponseWriter
    rw, req, err := sc.newWriterAndRequest(st, f)
    if err != nil {
        return err
    }
    st.body = req.Body.(*RequestBody).pipe // may be nil
    st.declBodyBytes = req.ContentLength
```

```
    ...

    // Process the request in a new goroutine
    handler := sc.handler.ServeHTTP
    go sc.runHandler(rw, req, handler)
    return nil
}
```

# 第 17 章

# BFE 的多进程 GC 机制

在 2014 年年初，百度启动了基于 Go 语言重构 BFE 转发引擎的工作。当时 Go 版本为 1.3，GC（Garbage Collection，垃圾回收）延迟的问题非常严重，BFE 的实测效果是，在 100 万个并发连接的情况下，GC 延迟达到了 400ms，完全无法满足转发服务的延迟要求。为此，当时在 BFE 中引入了"多进程轮转"机制，以降低 GC 延迟对于转发流量的影响。GC 延迟的问题在 2017 年年初发布的 Go1.8 中得到较好解决，大部分的 GC 延迟都降低在 1ms 内，可以满足业务的要求，于是在 2017 年，我们从 BFE 中去掉了"多进程轮转"机制。

虽然目前这个方案已经废弃，但是其中的一些设计具有一定的通用性，可能未来在类似的场景下可以借鉴使用。

本章将介绍 BFE 的多进程 GC 机制的模型设计，以及在实践中对模型的相关参数的计算和选择方法。

## 17.1　模型设计

本节从两方面介绍多进程 GC 机制的模型：多进程轮转机制和多进程轮

转中子进程状态定义。

## 17.1.1　多进程轮转机制

让我们先回顾一个经典的高性能服务器设计模式：Prefork 模式。在该模式下，程序启动后先创建 socket，然后 fork 出多个子进程，如图 17.1 所示。根据 Linux 的进程模型，在 fork 后子进程直接继承了父进程创建的 socket 对象。

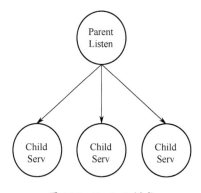

图 17.1　Prefork 模式

见如下伪代码，父进程执行 listen 操作，子进程执行 accept 操作。父进程一般完成一些管理功能，如重启子进程等；子进程完成外部请求的处理，多个子进程能力是等价的。

```
fd = socket()                  // 创建 socket
bind(fd, IP_ADDRESS)           // 绑定地址
...
listen(fd, back)               // 开始监听
...
pid = fork()                   // 创建子进程
if (pid == 0) {
```

```
    // 子进程代码
    newFd = accept(fd)
    process(newFd)              // 处理请求逻辑
    ...
} else {
    // 父进程代码
    ...
}
```

从内核 3.9 版本开始，Linux 支持 reuseport 机制（一种套接字复用机制），可以达到相同的效果。

针对 Go 语言版本的 BFE 所存在的 GC 延迟问题，在初期我们曾经尝试使用以上多进程机制来降低 GC 延迟的影响。在使用多个子进程同时服务的情况下，每个子进程承担的请求数量就会变小，进而可以缓解 GC 带来的延迟。

以上机制虽然可以降低 GC 延迟的绝对值，但是实测下来的结果显示，GC 延迟时间仍然有几十毫秒甚至上百毫秒，对于转发业务，还是无法接受。

为了解决上述问题，在多进程模式的基础上，增加了"多进程轮转"机制。"多进程轮转"机制的基本想法是：控制 Prefork 模式中多个子进程，让它们轮流处于"服务"状态或"GC"状态。当进程处于"服务"状态时，可以接收新到来的连接并处理请求，为了避免 GC 延迟的影响会关闭 GC；当进程处于"GC"的状态时，停止接收新的连接，开启 GC 以释放不使用的内存。

"多进程轮转"机制的本质是通过增加内存的消耗来换取延迟的减小。由于子进程 GC 处理的延后，子进程会消耗更多内存，具体的消耗量取决于停止 GC 持续的时长，以及在这段时间内服务流量的吞吐量。在使用"多进程轮转"机制时，需要对内存的使用量有充分的预估。

"多进程轮转"机制所基于的一个重要假设是：当时 BFE 所服务的流量主要为 HTTP 请求，多为短连接，在一个 TCP 连接内发送的请求大多为 2～3个。对于大多数连接来说，通过选择合适的状态切换时间参数，大部分请求的处理会在"服务"状态内完成，只有少量的请求会落在"GC"状态。在"服务"状态和"GC"状态之间还增加了"等待"状态，在这个状态中不接收新的连接，也会关闭 GC，以降低 GC 延迟对已建立连接中 HTTP 请求的影响。

## 17.1.2　子进程状态定义

在"多进程轮转"机制模式下，BFE 的每个子进程都有 4 个状态，如图 17.2 所示。

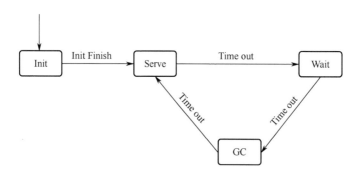

图 17.2　子进程的状态

（1）Init（初始），子进程初始化状态。在完成初始化后，子进程进入 Serve 状态。

（2）Serve（服务）。子进程接收新的连接（执行 accept 操作）来处理请求。在这个状态下，子进程主动关闭 GC。

（3）Wait（等待）。子进程不再接收新的连接（不执行 accept 操作），仅处理已存长连接中新到达的请求。在这个状态下，仍然关闭 GC。

（4）GC。子进程不接收新的连接，但仍会处理已存长连接中新到达的请求。在这个状态下，会让系统执行 GC。

在 Serve、Wait 和 GC 这 3 个状态之间，使用超时作为状态切换的触发机制。

当子进程处在 Serve 和 Wait 状态时，子进程所服务的连接中的请求不会受到 GC 延迟的影响；当子进程处于 GC 状态时，如果这时所服务的连接中有请求在处理，则请求有可能受到 GC 延迟的影响（取决于请求到达时间和内存回收执行时间的重合关系）。

## 17.2　相关参数的确定

将"多进程轮转"机制使用到实际程序中，还有更多细节问题需要解决。

（1）3 个状态间对切换时间参数的选择。

（2）子进程数量的计算。

（3）内存消耗的计算。

本节对这些问题进行讨论。

### 17.2.1　切换时间参数的选择

图 17.3 展示了多个子进程并存场景下状态切换的时序关系，其中展示了子进程状态切换的 3 个时间参数。

（1）Ts：Serve 状态的持续时间。

（2）Tw：Wait 状态的持续时间。

（3）Tg：GC 状态的持续时间。

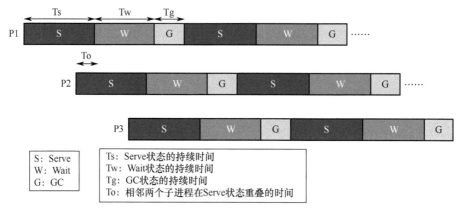

图 17.3 BFE 中多个子进程切换的时间参数定义

对多个子进程来说，在任何时刻都至少要有一个子进程处于 Serve 状态。考虑到控制进程状态切换的时间误差问题，在相邻的 2 个子进程间，要求它们在 Serve 状态有一定的重叠（overlap），以保证不会在 Serve 状态出现空缺。引入一个参数 To 用于表示相邻两个子进程在 Serve 状态重叠的时间。

下面我们来介绍这几个时间参数如何选择。

（1）Ts 的选择。Ts 取值越大，子进程在 GC 前所消耗的内存就越多；Ts 取值越小，所需要的子进程数就越多。在实践中，一般将 Ts 设为 5s。

（2）Tw 的选择。Tw 取值应尽量大，以保证在这个时间区间内对于大部分连接都可以完成其中 HTTP 请求的处理，但同时要考虑到，Tw 取值越大，子进程在 GC 前所消耗的内存就越多。在实践中，一般将 Tw 设为 30s。

（3）Tg 的选择。GC 的处理需要消耗一定的时间。Tg 应该足够大，以保证 GC 的处理可以在下一个 Serve 状态到来前完成，但是如果 Tg 太大，又会导致系统所需进程数的增加。在实践中，一般将 Tg 设置为 2～3s。

（4）To 的选择。To 只要能够保证多个子进程间不会出现"服务的空档"即可。在实践中，一般将 To 设置为 1s。

## 17.2.2　子进程数量的计算

根据给定的时间参数，可以计算出所需要的子进程数量。子进程数量的计算方法如图 17.4 所示。

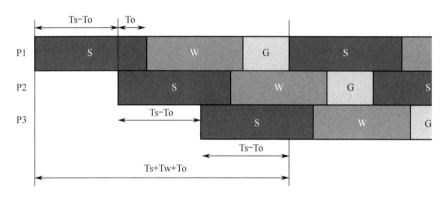

图 17.4　BFE 子进程数量的计算

定义所需要的 BFE 子进程数量为 $N$，$N$ 的计算公式为：

$$N = 1 + \left\lceil \frac{Tw + Tg + To}{Ts - To} \right\rceil$$

其中，对于（Tw+Tg+To）/（Ts-To），要向上取整。具体解释如下。

（1）考虑一个 BFE 进程的服务周期，如图 17.4 所示，包括 Serve、Wait 和 GC 这 3 个状态。

（2）需要其他子进程在 Tw+Tg+To 的时间内提供服务。

（3）由于 To 的存在，每个子进程可以覆盖的时间为 Ts – To。

举例如下：

（1）假设 Ts = 5s，Tw = 20s，Tg = 3s，To = 1s。

（2）子进程的数量 $N = 1 + (20 + 3 + 1) / (5 – 1) = 7$。

### 17.2.3  内存消耗的计算

在"多进程轮转"机制下，由于在 Serve 和 Wait 状态下主动关闭 GC，需要消耗大量内存。这里对"多进程轮转"机制下 BFE 的内存消耗量做一个估算。

定义内存的最大消耗量为 $M$，$M$ 的计算方法为：

$$M = (Ts + Tw + Tg) \times 内存消耗速度$$

其中，内存消耗速度只能依靠线下压力测试或线上实测数据来获得。

举例如下：

（1）假设 Ts = 5s，Tw = 20s，Tg = 3s。

（2）假设经观测获得内存消耗速度为每分钟 20GB。

（3）内存的最大消耗量 $M = (5 + 20 + 3) \times 20 / 60$，即为 9.4GB。